란희가 진열장 안을 유심히 들여다보자 노을이 기웃거렸다.

"뭐 재밌는 거라도 있어?"

"아니, 뭔가 이상해서. 이 진열장 안에는 중요한 것만 들어 있는 것 같은데, 저건 너무 허름하잖아.
손으로 대충 만든 것 같기도 하고."

진노을 장난기를 과하게 탑재한 덕에 사건 사고를 몰고 다닌다. 어렸을 때부터 컴퓨터 다루기를 좋아했다. 공부에는 관심이 없지만, 수학과 과학 성적은 좋다. 국회의원 진영진의 아들로 금수저를 물고 태어났다. 지나치게 화려한 집안 환경 때문에 란희 외에는 진짜 친구가 없다.

임파랑 수학특성화중학교 수석 입학자로 공부가 제일 쉬웠다. 취미는 수학이고 우울할 때 수학 문제를 푼다. 정답이 없는 걸 싫어한다. 그중에서도 친구 사이의 관계, 감정과 관련한 부분이 가장 싫고 어렵다.

허란희 노을의 소꿉친구. 아버지가 노을의 집에서 20년째 운전기사 일을 하고 있다. 그래서 어렸을 때부터 노을의 뒤치다꺼리를 했다. 이 학교도 사고를 몰고 다니는 노을의 감시자로 들어온 셈. 발랄한 다혈질 캐릭터로 외로워도 슬퍼도 울지 않는다.

박태수 있는 집 자식이다. 덕분에 으스대며 초등학교 생활을 했다. 아무도 태수를 건드리지 않았고, 승부욕이 과해 공부도 잘했다. 하지만 임파랑 때문에 1등은 단 한 번도 해 보지 못했다. 그것이 항상 스트레스였다. 더욱 열 받는 것은 임파랑은 자신을 신경 쓰지도 않는다는 것이다. 임파랑을 이기고 싶어서 수학특성화중학교에 들어왔다.

한아름 란희의 짝꿍이다. 그림에 재주가 있다. 평소에는 조용하고 수줍음 많은 소녀지만, 아이돌 가수 유리수와 관련된 일에는 돌변한다. 아름의 세상은 유리수를 중심으로 돌아간다. 수학특성화중학교에 들어온 것도 유리수 때문이다. 그런데 컴퓨터부 교사한테서 자꾸만 유리수의 향기가 난다.

정태팔 수학 심화반 교사다. 고지식하고 고리타분하며 고집불통이다. 전에 근무하던 학교에서도 늘 비호감 교사 1위를 독점했다. 새로 발령받은 수학특성화중학교에서 고등학교 동창이자 잊고 싶은 기억인 류건을 만나게 된다.

김연주 수학 기초반 교사이자 주인공들의 담임이다. 청순가련에 조신한 그야말로 여신이다. 수학특성화중학교 대표 첫사랑 등극 예정인 그녀. 그런데 그녀에겐 감춰야 할 비밀이 있다.

류건 방과 후 컴퓨터 교사. 김연주와 함께 비밀을 간직한 신비주의 캐릭터다. 노을과 계속 엮이면서 사건을 주도하는 인물이기도 하다. 훤칠한 키에 아이돌 가수 유리수를 닮은 외모로 여자아이들에게 인기가 많지만, 정작 본인은 눈치채지 못하고 있다.

수학특성화중학교
❷ 인공지능 피피와 수학 좀 하는 녀석들

초판 1쇄 펴냄 2016년 4월 4일
　　　15쇄 펴냄 2024년 9월 6일

지은이 이윤원 김주희
그린이 녹시
창작 기획 이세원

펴낸이 고영은 박미숙
펴낸곳 뜨인돌출판(주) | 출판등록 1994.10.11.(제406-251002011000185호.)
주소 10881 경기도 파주시 회동길 337-9
홈페이지 www.ddstone.com | 블로그 blog.naver.com/ddstone1994
페이스북 www.facebook.com/ddstone1994 | 인스타그램 @ddstone_books
대표전화 02-337-5252 | 팩스 031-947-5868

ⓒ 2016 이윤원, 김주희

ISBN 978-89-5807-606-3 04410

수학특성화중학교

❷ 인공지능 피피와 수학 좀 하는 녀석들

뜨인돌

1장

수학실의 비밀

아름다운 비율 1:2:3

여름을 향해 달려가는 교정에는 활기가 넘쳐흘렀다. 아이들은 조금은 특이한 학교와 새로운 친구들에게 익숙해졌다. 그리고 모두가 기다리던 첫 번째 동아리 활동 시간이 다가왔다.

최종 승인이 난 동아리는 9개뿐이었다. 승인이 취소된 동아리에 속해 있던 아이들은 다른 동아리로 이동해야 했다. 하지만 아이들의 관심을 가장 많이 끌었던 수학 동아리 'TOPS'와 컴퓨터 동아리 '파란노을'에는 추가 부원이 없었다.

'TOPS'는 추가 가입 테스트 때도 어려운 수학문제를 내걸었기 때문에 지원자가 없었고, 컴퓨터 동아리 '파란노을'도 난해한 컴퓨터 문제를 제시해 아무도 가입하지 못했다. 추가 부원을 받지 않겠다는 노을의 굳은 의지 때문이었다.

'파란노을'의 최종 멤버가 된 노을, 파랑, 란희, 아름은 동아리 방에 앉아 담당 교사인 류건을 기다리고 있었다.

파란노을은 인원이 적었지만 동아리 방의 크기는 다른 동아리

와 비슷했다. 문을 열면 의자로 둘러싸인 커다란 테이블이 눈에 들어왔다. 개인 사물함은 물론이고 최신형 컴퓨터도 인원수에 맞게 설치되어 있었다.

"어얼! 최신 사양이다!"

노을은 컴퓨터 본체를 끌어안기라도 할 기세였다.

"그렇게 좋냐?"

싱글거리는 노을에게 란희가 물었다.

"그럼 좋지. 앞으로 일주일에 세 시간씩 우린 자유야. 학교 안에 우리만의 공간이 생긴 것도 너무 좋고."

노을은 팔짱을 끼고 거만한 표정을 지었다. 그때 굵직한 목소리가 들렸다.

"좋은 일이라도 있는 건가."

류건이 어느새 동아리 방 안에 들어서 있었다. 류건은 아이들의 얼굴을 한 명씩 확인하더니 칠판 앞에 섰다. 류건을 보는 아름의 얼굴에 홍조가 어렸다. 몇 번을 봐도 유리수와 닮았다. 유리수가 나이 들면 저런 모습이지 않을까 싶었다.

"반갑다. 컴퓨터 동아리 '파란노을' 담당 류건이다. 간단하게 말하겠다. 어제 동아리 소개 촬영은 했을 거고, 동아리 활동 계획서를 작성해서 오늘 중으로 제출하기 바란다. 어제 촬영한 내용은 한 시간 후부터 방송하니까 시청하면 된다. 합리적으로 계획을 세우고 활동을 진행하면 특별한 터치는 하지 않겠다. 이상."

류건은 노을에게서 시선을 떼지 않고 말한 다음 그대로 동아리 방을 나섰다.

"헐, 끝이야?"

노을은 믿을 수 없다는 듯 류건이 나간 문을 응시했다. 아름은 문까지 열어 고개를 내밀었다. 류건은 이미 저만치 멀어져 있었다.

"정말 가셨어. 쿨하다. 멋져."

아름은 란희의 손을 붙잡고 감탄을 연발했다. 어쩌면 쿨한 것까지 유리수와 비슷하단 말인가. 아름은 역시 파란노을에 들어오기를 잘했다며 혼자 배시시 웃었다.

"여자 쌤 중에 김연주 쌤이 있다면, 남자 쌤 중엔 류건 쌤이 있지. 우리 학교는 축복받은 거야."

란희의 말에 아름이 격하게 고개를 끄덕였다. 아름과 함께 연신 감탄사를 내뱉던 란희가 고개를 돌려 노을을 응시했다.

"그래서 부장! 우리는 이제 뭐 해?"

새 컴퓨터를 켜고 자기 스타일로 화면을 세팅하던 노을이 고개를 들었다.

"누구? 나?"

"너 말고 누가 또 있어?"

"뭘 뭐 해. 컴퓨터 하나씩 골라서 놀아!"

노을은 그동안 노트북 사양 때문에 하지 못했던 온라인 게임을 내려받으며 흐뭇한 미소를 지었다. 그때였다. 컴퓨터 화면에 익숙한 알림창이 떴다.

— 게시판 만든다는 핑계로 학교 서버에 손대지 마라. gun007

'헐, gun007이 진짜 컴퓨터 쌤이었어?!'

노을은 일순간 놀랐지만 다시 특유의 웃음을 되찾았다.

노을은 최신 사양 컴퓨터가 좋았고 란희는 자유시간이 생긴 게 좋았다. 그리고 아름은 류건이 좋은 듯했다.

노을이 게임 공략에 들어가자, 란희는 좋아하는 사진 블로그에 들어가 포스팅을 읽기 시작했다. 아름은 바탕화면에 깔 유리수의 사진을 골랐다. 모두가 웃음을 가득 안고 컴퓨터를 만지는 동안 파랑은 참고서를 보며, 중요한 부분에 밑줄을 그었다.

한 시간이 훌쩍 지나가고 학교 방송이 흘러나오기 시작했다. 길고 긴 교장의 훈화가 끝나고, 동아리 소개가 시작됐다.

"어제 촬영했다는 게 저거지?"

란희의 질문에 노을이 어색하게 고개를 끄덕였다. TV 화면에서는 각 동아리 대표의 소개가 이어지고 있었다. 컴퓨터 동아리 순서가 다가올수록 화면을 응시하는 아름과 란희의 눈빛이 초롱초롱하게 빛났다.

농구 동아리 소개에 이어서 수학 동아리 'TOPS'의 부장인 태수가 화면에 나오자, 아름과 란희가 탄성을 질렀다.

"오, 쟤 화면발 장난 아니다."

란희의 호들갑에 파랑이 픽 하고 웃었다.

"게시판에 붙었던 'TOPS'의 가입 문제를 보셨을 겁니다. 적혀 있던 숫자들은 피보나치 수열을 따르며 마지막 물음표에 들어갈 숫자는 1959입니다. 1959는 우리 동아리의 목표를 나타냅니다. 전 세계 각국의 수학 영재들이 참가하여 실력을 겨루는 국제 수학올림피아드가 1959년에 시작되었습니다. 'TOPS'의 최종 목표는 한국 대표로 국제 수학올림피아드에서 우승하는 것입니다."

화면을 보던 노을이 파랑에게 물었다.

"한국 대표? 저게 무슨 말이야?"

잠자코 있던 파랑이 입을 열었다.

"국내 고등부 대회에서 입상하면 한국 대표 자격으로 국제대회에 참가할 수 있어. 뭐, 그걸 하겠다는 거겠지."

"중등부가 아니고 고등부? 중학생도 지원할 수 있어?"

노을이 관심을 보였다.

"될 거야. 고등학생들과 경쟁해야 하니 순위권에 드는 건 쉽지 않겠지만."

파랑은 무심한 척했지만 자신의 가능성에 대해 잠시 생각해 보았다.

그리고 고대하던 순간이 다가왔다. 컴퓨터 동아리 '파란노을'의 순서가 된 것이다. 화면 가득히 나타난 노을이 입을 열었다.

"안녕하세요. 컴퓨터 동아리 '파란노을'의 진노을입니다. 저희는 학교 홈페이지를 새로 단장하고 학년별 게시판, 동아리별 게시판, 교과별 학습 게시판을 만들어 운영할 계획입니다."

"으아아아악!"

노을이 TV 앞으로 달려가 온몸으로 화면을 가리며 괴성을 질러 댔다.

"왜 이래? 안 보이잖아!"

란희가 항의했지만 노을은 괴성을 멈추지 않았다.

"손발이 없어질 것 같아아아아."

노을의 유난에 나머지 아이들은 미련 없이 각자 하던 일로 시선을 돌렸다. 란희는 파랑이가 읽는 책에 관심이 갔다.

"뭐 읽어?"

"아르키메데스."

"아, 뭐라고?"

란희가 책을 뒤집어 제목을 확인했다. 위대한 수학자 중 한 명으로 꼽히는 아르키메데스의 일대기에 관한 책이었다. 낡은 표지에는 한국과학고등학교 라벨과 수학특성화중학교 라벨이 함께 붙어 있었다.

"이야. 이거 완전 유물 수준인데? 이런 건 왜 보는 거냐?"

"심화수학 예습하다가 궁금해서."

"헐. 궁금할 것도 많다. 뭐가 그렇게 궁금했는데?"

란희는 믿을 수 없다는 표정으로 재차 물었다.

"아르키메데스의 죽음."

"어떻게 죽었는데?"

"아르키메데스가 살던 시칠리아 섬에 로마군이 쳐들어왔어. 그때 그는 모래 위에 도형을 그리며 기하학 연구를 하고 있었대. 다가오는 로마 병사를 향해 아르키메데스는 '물러서라. 내 도형이 망가진다'라며 큰 소리로 호통을 쳤어. 로마 병사는 그를 알아보지 못하고 단칼에 죽여 버렸지. 이 사실을 알게 된 로마군 대장은 위대한 수학자의 죽음을 슬퍼했대. 그리고 아르키메데스의 유언대로 묘비에 그림을 새겨서 그를 추모했다는 거야."

"유언? 어떤 유언이었는데?"

"원뿔, 구, 원기둥의 부피 사이에 1:2:3 아름다운 비를 발견했으니, 자신이 죽으면 묘비에 이를 새겨 주길 부탁한다는 내용이야."

"어디가?"

"응?"

파랑이 되물었다.

"어디가 아름다워? 어디에서 아름다움을 찾아야 하는 거야?"

"부피의 비가 1:2:3으로 딱 떨어지는 게 신기하고 재밌잖아. 아름답지 않아?"

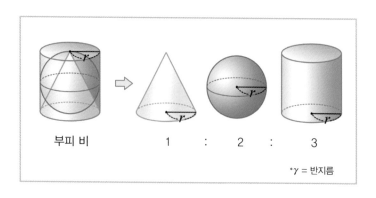

부피 비　　　　1　:　2　:　3

*γ = 반지름

파랑은 책의 삽화를 보여 주며 반문했다. 그러자 컴퓨터 자판을 두드리던 노을도 호기심을 보이며 고개를 들었다.

"뭐가 아름다운데?"

란희는 노을 쪽으로 책을 들어서 보여 주었다.

"아, 넣어 둬."

수학 도형이 보이는 순간 노을은 재빨리 관심을 거뒀다. 그 모습에 아름이가 쿡 하고 웃었다. 란희는 파랑에게 책을 돌려주며 고개를 절레절레 흔들었다.

"어디가 아름답다는 건지…."

책을 받아들던 파랑은 무언가 더 설명하려다가 그만 책을 놓치고 말았다. 책은 요란한 소리를 내며 떨어졌다. 그 바람에 책 표지 안쪽에 끼워져 있던 낡은 종잇조각이 팔랑이며 책상 아래로 떨어졌다. 란희는 종잇조각을 천천히 주워들었다. 노란색 형광펜으로 ∞라고 큼지막하게 쓰여 있는 쪽지였다.

쪽지를 펼쳐 보니 쓴 지 아주 오래된 듯한 메모가 적혀 있었다.

태팔아, 수업 끝나고 동아리 방에서 보자. 한 얘기가 있어.
다시 생각해 봐도 이건 너무 위험해. −∞

"헐, 이거야말로 유물 아냐? 되게 오래된 것 같은데. 태팔? 설마 정태팔?"

란희의 눈이 동그래졌다. 아름이 옆에서 덧붙였다.

"정태팔 쌤, 한국과학고등학교 나오셨다던데 정말인가?"

"아, 진짜? 하긴 공부 굉장히 잘했을 것 같아. 공부만 했을 거야, 공부만. 그것도 예습만 겁나!"

노을이 빈정거리는데 란희가 의문을 제기했다.

"그런데 뭐가 위험하다는 거지? 이 이상한 기호는 뭐고?"

"무한대를 나타내는 수학기호야. 값이 끝이 없다는 의미야."

파랑의 설명에 노을이 되물었다.

"무한? 무한한 사랑? 혹시 여자친구?"

"설마아!"

란희와 아름이 질색했다. 정태팔과 연애라니, 도무지 연결이 되질 않았다.

"아니면 뫼비우스의 띠를 그린 걸 수도 있고. 시작과 끝, 안과 밖의 구분이 없는 도형이야."

파랑의 설명에 란희는 고개를 갸웃거렸다.

"그런 게 어딨어."

"긴 직사각형 모양의 띠를 한 번(180°) 꼬아서 붙이면 돼. 모든 것에 안과 밖의 구별이 있다는 고정관념을 깨는 곡면이기도 해."

"흐응."

묘한 표정을 짓던 란희는 책의 맨 뒤를 펼쳤다. 그리고 뒷장에 붙어 있는 대출카드를 끄집어냈다. 10년 전에는 도서관 전산 시스템이 없었기 때문에 수기로 작성하는 대출카드를 사용했다. 그래서 과학고등학교 때부터 있던 책 일부에는 아직도 대출카드가 붙어 있었다.

대출카드에 정태팔이라는 이름은 없었다. 대신 맨 마지막에 류건이라고 적혀 있었다.

"류건?"

그때, 문이 열리고 류건이 들어왔다. 노을은 갑작스러운 류건의 등장에 화들짝 놀랐다. 재빨리 게임 공략 페이지를 내리고는 어색하게 웃었다.

"방송은 잘 봤나?"

"네!"

류건의 말에 4명이 동시에 대답했다. 말을 이으려던 류건은 아이들의 책상에 놓인 낡은 쪽지를 발견했다. 노란색 형광펜으로 표

뫼비우스의 띠

1865년 독일의 수학자 A. F. 뫼비우스가 처음 발견했다. 긴 직사각형 모양의 띠를 한 번(180°) 꼬아서 붙이면 점 A와 D, 점 B와 C가 만나는 뫼비우스의 띠가 만들어진다.

뫼비우스의 띠는 안과 밖의 구분이 없는 한 개의 면으로 되어 있어 안으로 움직여도 밖이 나오고, 밖으로 움직여도 안이 나온다.

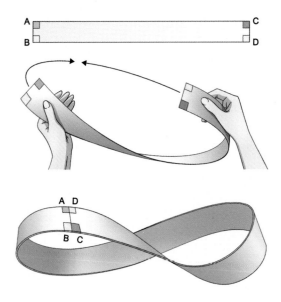

시된 무한대 기호가 눈에 들어왔다.

노을은 그 순간, 류건의 표정이 흔들린 것을 놓치지 않았다. 그는 분명 쪽지를 알아봤다.

쪽지에서 시선을 떼지 못하는 류건을 향해 노을이 물었다.

"선생님도 한국과학고등학교 나오셨어요?"

"아니. 자, 계획표 작성해야지. 모르는 것 있으면 물어보고. 작성 끝나면 상담실로 가져오도록. 이상."

류건은 무표정을 유지하도록 애쓰며 동아리 방을 나섰다. 추가 안내사항이 있었지만 그건 다음으로 미뤄야 할 것 같았다. 회색빛 가득한 복도를 걸어가는 그의 표정이 차갑게 굳었다.

이 학교는 그가 잊고 있던 것들을 자꾸만 상기시켰다.

정팔면체의 비밀

교실에 있다 보면 곳곳에서 자신을 바라보는 시선이 느껴질 때가 있다. 태수는 그럴 때면 허리를 곧게 펴고 얼굴에 미소를 머금었다. 태어날 때부터 주목받도록 정해진 인생도 있게 마련이다.

아이들의 세계에도 일종의 계급이 존재했다. 계급을 결정짓는 요소에는 여러 가지가 있었다. 성적, 외모, 집안, 싸움 실력, 정치력…. 모두 태수가 소유한 것들이다. 덕분에 초등학교 시절 태수는 최상위 계급이었다. 파랑의 존재가 그를 위협하기는 했지만 딱 거기까지였다.

태수에게는 늘 여러 시선이 따라다녔고 그는 그것을 즐겼다. 하지만 지금 교실 곳곳의 시선은 그가 아닌 파랑과 노을에게 닿아 있었다. 문제는 저 두 사람이 그런 시선에 관심이 없다는 것이다. 태수는 두 사람을 노려보았다. 파랑의 무심한 표정이나 노을의 생각 없는 표정을 볼 때마다 화가 치밀어 올랐다. 태수는 다시 참고서를 펼치며 애써 생각을 지웠다.

반면, 생각 없이 앉아 있던 노을은 자율학습 시간이 끝났음을 알리는 종소리와 함께 자리에서 일어났다. 복도를 지나 계단을 내려가려는데 등 뒤에서 란희의 목소리가 들려왔다.

"어디 가!"

"으힉. 깜짝이야. 너 무슨 은신술 쓰냐. 어디서 그렇게 불쑥불쑥 튀어나와."

노을은 놀란 가슴을 쓸어내리며 툴툴거렸다.

"너 때문이잖아. 감시하기 쉽게 이동 경로 보고하고 다니면 좀 좋아?"

"빵 사러 갈 건데 너도 콜?"

노을이 넌지시 물었다.

"가긴 어딜 가. 너 수학실 청소 당번이잖아."

란희가 노을의 뒷덜미를 끌어당겼다.

"어? 지난번에 했는데?"

"벌써 한 턴 돌았거든? 칠판에 적혀 있는 거 못 봤어?"

그러고 보니 청소 당번이 돌아올 때가 된 것 같기도 했다.

"그런데 네가 그걸 어떻게 알아?"

"네가 안 챙기니까 나라도 챙겨야지."

란희는 노을을 질질 끌고 수학실로 향했다. 도착해 보니 파랑은 이미 청소를 하고 있었다.

"자! 투입!"

노을이 마지못해 빗자루를 들며 파랑에게 볼멘소리를 했다.

"청소였으면 말 좀 해 주지. 청승맞게 혼자 하고 있냐."

"나도 내려가다가 생각이 나서. 누가 하면 어때."

파랑은 대수롭지 않다는 듯 먼지를 쓸었다.

란희는 수학실 구경에 여념이 없었다. 오늘 란희의 시선을 사로잡은 건 진열장 속 하드보드 지로 만든 정다면체들이었다.

란희가 진열장 안을 유심히 들여다보자 노을이 기웃거렸다.

"뭐 재밌는 거라도 있어?"

"아니. 뭔가 이상해서. 이 진열장 안에는 중요한 것만 들어 있는 것 같은데, 저건 너무 허름하잖아. 손으로 대충 만든 것 같기도 하고."

진열장은 과학고등학교 시절부터 내려온 각종 트로피로 채워져 있었다. 반짝이는 트로피 사이의 정다면체들은 확실히 뜬금없었다.

"근데 왜 5개뿐이야? 다른 건 만들기가 어렵나?"

란희의 질문에 파랑이 답했다.

"각 면이 모두 합동이고 한 꼭짓점에 모인 면의 개수가 같은 정다면체를 만든 것 같아. 플라톤의 입체는 저 5개뿐이거든."

"플라톤의 입체?"

"정다면체를 플라톤의 입체라고도 불러."

"오. 똑똑한데~"

란희가 고개를 끄덕이며 엄지손가락을 치켜들었다.

플라톤의 입체

고대 그리스의 철학자 플라톤은 우주가 불, 물, 흙, 공기의 네 가지 원소로 이루어져 있다고 여겼고, 이를 총 다섯 종류뿐인 정다면체와 연결 지었다. 불은 날카로운 정사면체, 흙은 안정된 정육면체, 공기는 가볍게 회전될 수 있는 정팔면체, 물은 잘 구르는 정이십면체, 마지막으로 우주는 정십이면체로 비유했다. 그래서 정다면체는 플라톤의 입체라고도 불린다.

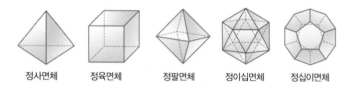

| 정사면체 | 정육면체 | 정팔면체 | 정이십면체 | 정십이면체 |

정다면체 종류	정사면체	정육면체	정팔면체	정이십면체	정십이면체
면의 모양	정삼각형	정사각형	정삼각형	정삼각형	정오각형
한 꼭짓점에 모인 면의 개수	3	3	4	5	3

어느새 빗자루를 내려놓은 노을이 파랑을 향해 외쳤다.

"대충 하고 가자."

"정태팔 선생님이 들르신댔어."

"그래. 그럼 열심히 해야지."

정태팔이 온다니. 노을은 다시 의욕적으로 밀대를 가져다가 물청소를 시작했다. 란희는 창턱에 앉아 운동장을 내다보았다. 초록빛 가득한 운동장에서 축구를 하는 아이들의 모습이 싱그러워 보였다.

청소를 마쳤지만 정태팔은 나타나지 않았다. 지루해진 노을이 말했다.

"우리 게임해서 아이스크림 내기할래?"

"무슨 게임?"

란희가 관심을 보였다.

"뭐든. 아, 저걸로 하자."

노을이 진열장 속의 정육면체를 가리켰다.

"저 정육면체를 굴려서 정하자. 주사위같이 생겼잖아."

"뭐? 그러다 망가지면 어쩌려고?"

란희가 놀라서 눈을 휘둥그레 떴다.

"그럼… 정팔면체는 어때?"

"뭐가 달라, 이 멍청아!"

란희가 대뜸 소리를 질렀다. 하지만 행동파인 노을은 벌써 진열장을 열어 정팔면체를 끄집어내고 있었다.

"왜. 후줄근해도 튼튼하게 생겼구만."

"난 빼 줘."

파랑은 어느새 책상에 앉아서 문제집을 꺼내 들었다. 란희도 덩달아 파랑 옆에 앉아 종알거렸다.

"뭐하러 게임을 해. 원래 먼저 하자고 한 사람이 걸리게 돼 있어. 게다가 넌 게임 운이 세계 최고로 없잖아."

노을이 발끈했다.

"네가 이상하게 운이 좋은 거거든!"

"그래. 그러니까 그냥 네가 사면 편하잖아. 게임 안 해도 어차피 살 거."

"그럴 순 없지. 승부닷!"

비장한 어조로 외친 노을은 책상 하나를 란희와 파랑이 앉은 책상에 이어 붙였다.

"아무 표시도 없이 굴리겠다는 거야? 근데 여기에 낙서라도 했다가 걸리면 정태팔한테 영혼까지 탈탈 털릴걸?"

노을은 그 질문을 기다렸다는 듯 가방에서 포스트잇을 꺼내 들었다.

"진노을 사전에 불가능이란 없다! 우리한텐 이게 있잖아. 정팔면체는 면이 8개니까 1부터 8까지 붙이면 돼. 평행하게 마주 보는 4쌍의 면의 합이 각각 9가 되게 만들면 정팔면체 주사위 완성! 하하하, 난 천잰가? 파랑아 너도 할 거지?"

"난 됐어."

하지만 구경은 하겠다는 듯 읽던 책을 덮었다.

"그래? 그럼, 내가 먼저 한다. 더 큰 수가 나오는 사람이 이기는 거야."

노을이 정팔면체를 높이 들더니 책상 위로 가볍게 툭 던졌다. 책상에 떨어진 정팔면체는 오른쪽으로 데굴데굴 구르더니 책상 밖으로 튀어 나가 버렸다. 란희와 노을, 파랑의 눈이 동시에 커졌다. 란희가 우려했던 일이 벌어지고 만 것이다.

"으아아!"

노을은 괴성을 지를 수밖에 없었다. 하필 떨어진 곳이 축축한 바닥이었다. 물걸레질을 하고 지나간 자리가 아직 마르지 않은 상태였다. 물이 흥건한 바닥을 구른 정팔면체는 이음새가 쩍 하고 갈라졌다.

"아, 망했다!"

노을이 절규하며 정팔면체를 냉큼 주워들었지만 소용없었다. 이미 정팔면체는 찢어지고 얼룩져 버렸다.

"이거 정대팔이 아끼는 거 아냐? 진열장에 들어 있을 정도면…."

란희의 말에 노을은 울상이 되었다.

"으으, 붙여. 붙이자. 그리고 반대 방향으로 샤샥 돌려놓는 거야."

노을이 가방을 뒤적이며 테이프를 찾기 시작했다. 란희도 망가진 정팔면체를 이리저리 살폈다.

"어, 이거 봐. 여기 안쪽 면에 뭐가 있는데?"

란희 말대로 안쪽 면에 뭔가가 있었다.

"정…태…팔? 정태팔!"

란희의 말에 노을이 고개를 들이밀고 확인했다. 못생긴 남자 고등학생의 전형처럼 보이는 그림 아래에 정태팔이라는 이름이 쓰여 있었다.

"와하하하. 이름 없었어도 알아봤겠다. 딱 봐도 정태팔이네. 고등학교 때도 못생겼구나."

옆에서 지켜보던 파랑이 무미건조하게 말했다.

"이걸 정태팔 선생님이 만들었나 보지."

"그, 그래. 자기가 만들었으니 소중하게 보관했겠지?"

노을이 다시 울상을 지었다.

"안쪽에 또 있는데?"

"어디 봐!"

노을이 정팔면체의 안쪽을 보려고 틈을 벌렸다. 그 바람에 정팔면체는 두 동강이 나고 말았다.

"야!"

란희의 목소리가 한 옥타브 올라갔다.

"아, 몰라. 똑같이 만들어 놓으면 되잖아. 이왕 이렇게 된 거 열어 보자."

노을이 대범하게 정팔면체를 펼치자 또 다른 두 명의 얼굴이 모습을 드러냈다. 정태팔 바로 옆에는 멀끔하게 생긴 남학생 그림이 있었다. 그 아래에는 류건이라고 쓰여 있었다.

"류건?"

노을이 '류건'이라는 이름을 노려보았다.

"우리 컴퓨터 쌤? 컴퓨터 쌤은 과학고 안 나왔다고 했는데?"

의문을 제기한 사람은 란희였다. 분명 류건은, 과학고 출신이냐는 질문에 아니라고 답했다. 그게 뭐라고 자신들에게 거짓말을 한단 말인가.

"정태팔이랑 친했던 게 창피했나? 흑역사 같은 건가? 아니면 동명이인 아냐?"

노을이 가설을 제기했다.

"에이. 몽타주가 똑같잖아."

란희가 류건의 그림을 손가락으로 가리켰다.

"닮았나?"

"응. 잘생김이 닮았어."

그녀의 말에 노을도 동의한다는 듯 고개를 끄덕였다. 제일 안쪽에는 '정혜연'이라는 글자와 긴 생머리를 한 여학생 그림이 있었다. 노을은 글자를 이어서 읽어 보았다.

"정태팔, 류건, 정혜연. 한국과학고 해킹 동아리 Hackers 12

기??"

정혜연, 어디선가 들어 본 이름인 것 같았다. 노을은 기억을 더 듬다가 자신이 10년 전에 만들어진 정팔면체 속 이름을 알 리가 없다는 데 생각이 미쳤다. 머릿속에 떠오른 의문을 지우고 있는 데 란희의 목소리가 들렸다.

"정태팔이 해킹? 컴퓨터 쌤은 그렇다고 치고 정태팔이 해킹 동아리라니 말도 안 돼. 100% 컴맹 포스잖아."

그녀는 믿을 수 없다는 듯 고개를 절레절레 흔들었다. 그 말엔 노을도 공감했다. 하지만 곧 동아리를 신청하러 갔을 때 김연주가 했던 말이 떠올랐다.

"우리 입학할 때 컴퓨터로 수학문제 풀었었잖아. 전부 정태팔이 만든 거랬어."

"진짜?! 대박 사건!"

란희는 그 말을 믿고 싶지 않았다. 주판알이나 튕길 것 같은 정태팔이 프로그래밍이라니.

"어, 이 아래 뭐가 더 있다."

노을은 정팔면체 구석에서 또 다른 문장을 찾아냈다.

— 8과 ∞는 영원하다

"이게 무슨 소리야? 8? 설마 정태팔?"

"어, 잠깐! 아까 그 쪽지, 파랑이 보던 책에 있던 거. 그걸 보낸 사람이 ∞잖아."

란희가 흩어져 있던 단서의 퍼즐 중 하나를 맞췄다.

"우리 가설이 맞는 거야? ∞는 정혜연이라는 여자고 정태팔과 그녀는 몰래, 위험한 그리고 무한한 사랑을 했어."

"맙소사. 왜죠? 왜 때문이죠? 어째서 정태팔이죠?"

란희와 노을이 호들갑을 떠는 동안 파랑은 시계를 확인했다.

"이러고 있어도 돼? 곧 정태팔 선생님 오실 텐데."

정팔면체를 들여다보던 노을이 경직되었다.

"어쩌지?"

"뭘 어째. 똑같이 만들어야지. 뛰어가서 하드보드 지랑 접착제 사 와."

란희가 노을에게 카리스마 있게 지시했다.

"왜 내가?"

"그럼 이따가 정태팔이 누가 이랬냐고 물어보면, 손 번쩍 들고 앞으로 나가던지."

"갔다 올게."

노을이 군소리 없이 뛰어 나가자, 란희가 한심하다는 듯 어깨를 으쓱거렸다.

"하여간 사고뭉치라니까."

파랑은 너도 마찬가지라고 말해 주고 싶었지만 그냥 자리에서 일어나는 걸 선택했다.

"책상 정리나 같이 하자."

"내가 왜? 청소 당번은 너흰데."

"저거 만들기에도 시간이 빡빡할 것 같으니까?"

란희가 입을 삐죽 내밀며 책상을 옮기기 시작했다. 책상 정리를 마친 파랑과 란희는 노을이 오기를 기다렸다.

"얘는 종이를 만들러 갔나, 왜 안 와."

란희는 툴툴거리며 복도를 기웃거렸다. 노을이 돌아올 기미가 없자 찢어진 정팔면체를 펼쳐서 구조를 확인했다. 란희는 너덜너덜해진 정팔면체를 들고 파랑에게 슬쩍 다가갔다.

"노을이 올 때까지 정팔면체 만드는 거나 알려 줘."

란희가 파랑에게 노트를 슬쩍 내밀었다.

"한 변의 길이가 얼마야?"

"15cm."

재빨리 한쪽 면을 자로 잰 란희가 답했다.

파랑은 전개도를 척척 그려 나갔다. 찢어진 정팔면체보다 파랑의 그림이 훨씬 알아보기가 쉬웠다.

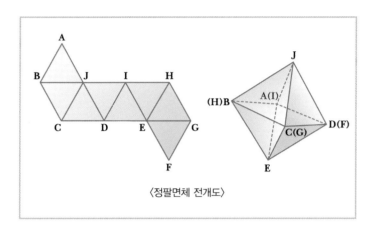

〈정팔면체 전개도〉

"이거 선대로만 접으면 되는 거지?"

"응. 선분 JB, JC, JD를 접으면 꼭짓점 A와 I가 만나잖아. 그리고 ID, IE를 접으면 꼭짓점 B와 H가, EH를 접으면 C와 G가, EG를 접으면 D와 F가 만나면서 정팔면체가 만들어지는 거야."

파랑의 설명에 란희가 엄지손가락을 척 들어 보였다.

"좋아. 이제 하드보드 지만 있으면 되겠다."

그사이 노을이 헐레벌떡 뛰어왔다.

"어허, 빨리빨리 못 뛰나."

란희가 노을을 다그쳤다. 노을은 배턴을 넘겨주는 계주 선수처럼 하드보드 지가 담긴 봉투를 파랑에게 내밀었다.

"왜 날 줘?"

"네가 란희보다 꼼꼼할 것 같아서. 제발. 내가 저녁 살게."

파랑은 한숨을 폭 내쉬더니 자를 대고 선을 긋기 시작했다. 자르는 것은 란희의 몫이었다. 오려 낸 하드보드 지의 접히는 부분을 칼로 살짝 그어서 접고 연결 부위를 붙이자, 망가진 정팔면체와 똑같은 모양의 도형이 완성되었다.

"휴, 그럴싸하다."

노을이 안도의 한숨을 내쉬었다. 란희는 완성된 도형을 노을에게 건네며 다시 진열장에 가져다 두라고 했다. 란희가 망가진 하드보드 지를 가방에 챙겨 넣으려는 순간 당황한 노을의 목소리가 들렸다.

"어?!"

"왜? 왜? 또 무슨 일이야?"

란희가 노을 옆으로 쪼르르 달려갔다.

"색이 달라!"

아이들이 진열장을 쳐다보았다. 노을의 말대로 다른 도형들과 색이 미묘하게 달랐다.

"따로 볼 땐 몰랐는데 다른 것들 사이에 놓으니까 티가 나긴 하네."

란희가 눈썹을 찌푸렸다.

"어쩔 수 없어. 이제 운명에 맡겨야지. 태연한 척하자."

란희의 말대로 모두가 태연한 척 정태팔을 기다렸다. 잠시 후, 정태팔이 스산한 기운을 풍기며 문을 열었다. 그의 등장에 묘한

징적이 수학실을 감쌌다.

"청소는 다 됐나?"

그의 질문에 셋이 동시에 네, 하고 대답했다.

"너는 또 왜 여기에 있지?"

정태팔이 란희에게 물었다.

"도와주려고요? 아하하."

정태팔은 노을을 힐끗 보았다. 그와 시선을 마주친 노을도 어색하게 웃었다. 정태팔이 한 발 한 발 내디디며 수학실을 도는 사이 노을과 란희는 분주하게 눈빛을 교환했다. 파랑만이 초연하게 앞을 보고 있었다.

"수고했다. 그리고 진노을."

"네? 넵."

노을은 자동으로 차렷 자세가 되었다.

"학업에 더 신경 쓰도록. 이상."

정태팔이 교실을 등지고 나가는 모습에 노을은 환호성이라도 지르고 싶었다. 아이들은 얼른 각자의 가방을 둘러멨다. 그런데 갑자기 정태팔이 걸음을 멈추고 한 곳을 주시했다.

정태팔의 시선이 머문 곳은 바로 진열장이었다. 급기야 정태팔은 진열장을 향해 걸음을 옮겼다.

"너희, 이 진열장."

노을은 이제 모든 게 다 끝났다고 생각하고 눈을 질끈 감았다.

"앞으로 진열장 유리도 닦도록."

그리고 정태팔이 교실을 나가자 누가 먼저랄 것도 없이 긴 숨을 내쉬었다.

"수명이 1년은 줄어든 것 같아."

"그런 의미에서 밥 먹으러 가자. 나 양식 먹을 거야. 진노을, 네가 사는 거 맞지?"

란희가 재촉했다.

"네, 그러십시오."

노을은 구시렁거리면서도 거절하지 못했다. 셋이 나란히 걸어가는 모습이 제법 친근해 보였다.

"류건 쌤이랑 정태팔이 고등학교 때부터 아는 사이였다는 거잖아. 그런데 왜 1도 안 친해 보이지?"

노을이 다시 의문을 제기했다.

"넌 그게 이상하냐?"

"그냥, 재밌잖아. 정태팔이랑 류건 쌤이랑 같은 나이라는 게. 그게 가장 큰 미스터리지."

"헐. 그러네. 둘이 10살은 차이 나 보이는데."

"근데 류건 쌤은 왜 과학고를 나오지 않았다고 한 걸까?"

"글쎄."

질문은 돌고 돌았다. 그리고 드디어 노을이 결론을 내렸다.

"류건 쌤 좀 이상해. 뭔가 수상한 냄새가 나지 않아?"

"수상한 냄새는! 쿨워터 향만 나더만."

란희가 받아쳤다.

건물 밖으로 나온 아이들은 벤치에 앉아 있는 태수와 지석을 발견했다. 태수는 노골적으로 싫은 티를 내며 고개를 돌렸다. 노을도 그런 태수가 껄끄러웠다. 같은 방을 쓰고 있었지만 학부모 면담 이후로 한 마디도 나누지 않았다.

원래 말을 많이 하는 사이는 아니었지만 요즘은 정도가 심해져 거의 투명인간 취급이었다. 문득 란희를 돌아보니, 그녀 역시 태수를 노려보고 있었다.

"너도 쟤한테 무슨 원한 있나?"

"너의 적은 곧 나의 적. 쟤 때문에 우리 비밀이 들통났잖아. 덕분에 널 관리하기가 몹시 힘들어졌다고."

란희는 불만이 가득 찬 눈으로 태수를 흘겨보았다.

"힘들 건 또 뭐냐."

"얘가 뭘 모르네. 우리 반 여자애들이 너한테 관심이 얼마나 많아진 줄 알아?"

"나? 그런가."

노을은 머리를 긁적거리며 배시시 웃었다. 그러다 문득 떠오른 기억 때문에 노을은 성난 표정으로 란희에게 경고했다.

"너 또 내 폰 번호 팔지 마라."

"데헷."

란희가 손가락으로 브이 자를 그리며 방긋 웃었다.

"설마 벌써 팔았어?"

"돈 워리. 아직 한 명뿐이야. 경매 방식으로! 잘했지?"

"고오맙다!"

노을이 어금니를 꽉 깨물었다.

세 사람이 지나가자 태수 곁에 있던 지석이 고개를 들었다.

"셋이 딱 붙어 다니네. 저것들 손 좀 봐 줘야 하는데. 그런데 임 파랑 쟤 말이야. 누구랑 다니는 거 처음 보는 것 같은데. 설마 저 여자애 좋아하나?"

태수도 세 사람의 뒷모습을 다시 봤다.

"허란희?"

"응. 진노을이랑 어렸을 때부터 친구였다는데. 쟤도 집안 장난 아닌 거 아니야? 혹시 대기업 막내딸?"

"그래 보이지는 않던데."

"진노을은 그래 보이냐."

"하긴."

란희의 재벌 2세설에 대해 다시 생각해 보던 태수는 고개를 흔들었다. 자신의 등을 쓰레기통으로 가차 없이 내리치던 모습이 생각난 것이다.

"쓸데없는 소리 하지 말고 가자."

"사람은 원래 자기랑 정반대의 이성한테 끌리게 돼 있어. 허란희

정도 똘끼는 있어야 임파랑의 관심을 끌지. 안 그래?"

"안 그래. 어느 정도여야지. 여자애가 드세기만 해서."

태수는 더 말할 가치도 없다는 듯 걸음을 옮겼다.

그녀의 통화

'모든 것은 수(數)이다.'

책 마지막 페이지에 적혀 있는 문구다. 피타고라스의 명언을 되새기던 파랑은 책을 덮었다. 토요일의 도서관은 한적했고 노을과 란희는 아직 그를 찾아내지 못했다. 덕분에 파랑의 주말은 오랜만에 평화로웠다.

파랑은 다른 책을 읽으려고 열람실 쪽으로 걸음을 옮겼다. 수학 인문 서적이 있는 서고는 이용하는 사람이 드물었다. 덕분에 수학 인문서가 있는 도서관 '가' 열은 파랑의 개인 서고나 다름없었다. 파랑은 수학자의 일대기에 관심이 많아서 언제나 '가' 열을 기웃거렸다. 파랑이 새로 읽을 책을 집어 들었을 때였다. 구석에서 낯익은 목소리가 들려왔다.

"네, 어제 침입했던 자들은 아직 신원이 파악되지 않았습니다. 벌써 두 번째예요. 아마 그쪽이겠죠. 네. 주시하고 있습니다. 경계에 신경 써 주세요. 아, 지난번에 확보된 인원은 아직 입을 열지 않았나요?"

김연주였다. 나긋나긋한 평소의 목소리와는 달리 딱딱한 어조로 통화하고 있었다. 파랑은 조심스러운 발걸음으로 '나' 열 서고로 이동했다. 어쩐지 방해해서는 안 될 것 같은 분위기였다.

"여기서 뭐 하냐. 또 수학 책 읽어? 밥 먹으러 가자."

노을은 기어이 파랑을 찾아냈다.

"어? 응."

파랑은 김연주가 있던 방향을 힐끔 보았다.

'무슨 일이 있나? 침입자라고 한 것 같은데.'

파랑은 며칠 전 붙잡힌 도둑이 생각났다. 얼마 지나지도 않았는데 또 도둑이 든 모양이었다. 학교 경비의 허술함을 탓하기에는 무리가 있었다.

파랑의 기억에 남아 있는 경비의 몸놀림은 지나치게 인상적이었다. 그런 경비들이 있는데 계속 도둑이 침입하다니 이상한 일이었다. 위험을 감수하고 무언가를 훔치기에 이 학교는 적합한 곳이 아니었다. 예술학교처럼 비싼 악기가 있는 것도 아니고. 파랑이 넋을 놓고 있자 노을이 물었다.

"왜? 뭐 놓고 온 거 있어?"

"아니. 그냥."

노을은 계속 뒤를 돌아보는 파랑을 데리고 식당으로 향했다.

식당에 들어서자 식욕을 자극하는 냄새가 진동했다. 오늘의 한식 메뉴는 불고기였다. 배식을 받아 자리를 잡고 앉자 란희가 씩 씩거리며 들어왔다. 분한 기색이 역력했다.

"왜 그래?"

"화장실 난투극을 벌이고 왔거든."

당황한 파랑과 달리 노을은 대수롭지 않게 여기는 듯했다.

"이겼어?"

노을이 궁금한 건 이것뿐이었다.

"당연히 이겼지. 내가 질 사람이야? 5 : 1로 싸워서 이기고 돌아 왔다네."

"잘했네. 오늘 한식 메뉴, 불고기야."

"고기??"

반가운 소식을 접한 란희는 재빨리 한식 코너로 달려갔다.

"고기다, 고기! 고기고기고기."

잠시 후 불고기를 산처럼 쌓아 온 란희는 언제 분노했나 싶게 즐거워 보였다. 그녀는 눈앞의 불고기를 열심히 없애 나갔다. 파 랑이 넌지시 란희에게 물었다.

"너 잘 때 기숙사 방문 잠가?"

"아니. 왜?"

"문 잠그고 자. 외부인이 침입하기라도 하면 큰일이잖아. 여자애 들끼리 있는데."

"아우, 걱정도 팔자서."

란희는 파랑의 말을 대수롭지 않게 넘겼다.

"얼마 전에 도둑도 들었잖아. 다시 올 수도 있고."

파랑이 말끝을 흐렸다. 하지만 란희는 불고기를 먹는 데 온 신경을 집중했다.

신나게 밥을 먹고 밖으로 나오자 봄바람이 살랑살랑 불었다. 기숙사로 걸어가는 길가에 장미가 흐드러지게 피어 있었다. 란희는 자신도 모르게 장미 덩굴로 한 걸음 다가섰다.

"예쁘다."

기분 좋게 장미를 감상하고 있으니 노을이 빈정거렸다.

"갑자기 여자질하지 마라."

"여자질이라니! 여자거든!"

"네이네이. 그러시겠죠."

평소의 란희 같으면 응징을 하거나 웃어넘겼겠지만 오늘은 그럴 수가 없었다. 란희는 조금 침울해진 목소리로 물었다.

"나랑 정말 안 어울려?"

"1도 안 어울려."

"내가 그렇게 못생겼냐? 매력이 없어? 여자 같지도 않아?"

"그걸 이제 알았냐."

"그래도 평균은 되지 않아? 평균보다 조금 위라든지?"

계속 놀리려던 노을은 입을 다물었다. 뭔가 이상했다. 란희는 이런 걸 물어보는 애가 아니었다.

"왜 그래, 갑자기. 그런 데 관심 없잖아."

"아니 아까 화장실에서."

"화장실에서 뭐?"

"못생긴 게 너랑 파랑이 옆에 딱 붙어 다닌다고 꼴 보기 싫대. 내가 비주얼 파괴하고 있다나."

"누가 그래?"

노을의 미간이 찌푸려졌다.

"너희 반 여자애들이. 화장실에서 뒷말 까다가 나한테 딱 걸렸지."

"이름 대."

"됐거든. 아무튼, 내가 니들이랑 그렇게 안 어울리나 싶어서. 장미랑도 안 어울리고. 난 그럼 뭐랑 어울리는 거지."

란희가 입을 삐죽거리자 노을이 갑자기 화단으로 들어갔다.

"야! 어디 가? 뭐 해!!"

노을은 대꾸 없이 장미 덩굴 사이로 사라졌다. 저 멀리 가로등이 있었지만 나무 그림자 때문에 노을이 뭘 하는지 잘 보이질 않았다. 눈을 가늘게 뜨고 노을의 움직임을 주시하는데 파랑이 특유의 담담한 목소리로 말했다.

"예뻐."

"뭐?"

"굳이 따지자면 예쁜 편이야."

뜻밖의 말이었다. 노을이라면 '신소리 하지 말고 꺼져!'라고 대꾸했겠지만, 파랑의 말은 그 여파가 달랐다. 빈말을 안 하는 캐릭터 아닌가. 란희는 자신도 모르게 배시시 웃었다.

그때였다. 장미 덩굴이 흔들리더니 노을이 툭 튀어나왔다.

"깜짝이야!"

노을의 손에는 장미가 한 다발 들려 있었다. 노을은 장미를 란희에게 내밀었다.

"어쩌라고."

"다시 보니까 1 정도는 어울리는 것 같아서."

화단의 꽃을 꺾다니. 어이는 없었지만 기분이 나쁘지 않았다. 장미를 받아 든 란희가 다시 배시시 웃었다. 그러자 노을이 느끼한 표정을 지으며 한마디 보탰다.

"오다 주웠다."

"죽을래?"

자신이 꺾은 꽃으로 등짝을 맞은 노을이 도망치듯 기숙사로 들어가자 파랑이 다시 말했다.

"문단속 잘 해."

"오구오구. 내 걱정해 주는 건 우리 파랑이밖에 없네."

기분이 좋아진 란희는 평소의 페이스를 되찾았다. 노을에게 하듯 엉덩이라도 팡팡 때릴 것 같은 기세에 파랑도 도망치듯 남자 기숙사로 들어갔다.

"귀여운 것들."

란희는 콧노래를 부르며 기숙사 방문을 열었다. 아무도 없는 방 안은 캄캄했다. 불을 켜니 책상 위에 포스트잇이 붙어 있었다.

- 주말 잘 보내. 집에 다녀올게.

룸메이트의 메시지였다. 란희는 침대에 발랑 누웠다. 주말이라 아이들 대부분 집으로 돌아갔다. 그래서인지 시끌시끌하던 기숙 사가 조용했다. 문을 잠그라는 파랑의 말은 란희가 씻고 잠이 들 려는 순간에야 효력을 발휘했다.

'에이. 기분 탓이야, 기분.'

그냥 누워서 잠을 청해 보려던 란희는 일어나 문 앞으로 갔다.

'그래. 또 도둑이라도 들면 큰일이니까.'

조심해서 나쁠 것은 없었다. 란희는 조심스레 문을 잠갔다.

'아오, 임파랑. 이상한 소리를 해서 괜히 신경 쓰이네.'

도둑도 그렇고 예쁘다는 말도 그렇고.

어쩐지 쉽게 잠이 들 것 같지 않은 밤이었다.

접어 버리기 전에

월요일, 또다시 수업의 연속이었다. 노을은 보슬비가 내리는 오전 내내 물먹은 솜처럼 늘어져 있었다. 잠이 쏟아지는 국어 수업이 끝나자, 책상에 쓰러진 노을이 파랑에게 물었다.

"다음 시간은 뭐냐."

"체육."

"비 오잖아."

"조금 전에 그쳤어."

칼 같은 파랑의 대답에 노을은 좌절했다. 이런 꿀꿀한 날씨에 체육이라니 최악이었다. 노을은 체육복을 챙기는 파랑을 지켜보다가 몸을 일으켰다.

소란스러운 쉬는 시간이 끝나고 모두 운동장에 모였다. 툭탁거리며 노는 남자아이들과 도란도란 이야기를 나누는 여자아이들 덕에 비 갠 운동장은 더 밝아 보였다.

"전부 집합!"

체육 교사가 호루라기를 짧게 불고 외쳤다. 그때였다. 다른 반 아이들이 우르르 운동장으로 내려왔다.

"란희네 반인데."

노을의 말에 파랑의 시선도 그쪽으로 향했다. 뒤쪽에 조잘거리며 내려오는 란희와 아름이 보였다. 노을을 발견한 란희가 요란하게 손을 흔들었다. 아이들은 모두 체육 교사 앞으로 모였다.

"오늘은 2반과 4반 합동수업을 하기로 했다. 달리기 수업을 할 텐데, 50m 달리기 기록을 측정해서 성적을 매길 예정이다. 2반 반장, 프린트 물 나눠 줘라."

태수가 앞으로 나가 프린트 물을 나눠 주기 시작했다.

기준 시간과의 차	점수
− 0.5 미만	30
− 0.5 이상 ∼ 0 미만	25
0 이상 ∼ + 0.5 미만	20
+ 0.5 이상	15

〈점수표〉

노을은 태수가 나눠 준 프린트 물을 확인해 보고는 인상을 찌푸렸다. 하다하다 체육 시간까지 수학이 나설 모양이었다.

"12.3초를 기준으로 너희 기록에서 이 기준 시간을 뺀 다음 얼마큼의 시간을 단축했는지 계산해서 성적을 매길 거다."

대부분의 아이들은 무슨 말인지 모르겠다는 듯한 표정이었다. 아이들을 둘러본 체육 교사가 다시 말을 이었다.

"11.9초를 기록했다면 그 기록에서 12.3초를 빼면 된다. 그럼 $(+11.9) - (+12.3) = -0.4$를 얻고, 이는 기준 시간보다 0.4초를 단축했다는 의미다. 프린트 물의 점수표 −0.5 이상 ~ 0 미만 범위에 속하니까 25점을 받게 된다. 알겠나."

"네!"

프린트 물을 살펴보던 아이들이 큰 소리로 대답했다.

"그리고 가장 중요한 점! 이번에 하는 달리기는 둘씩 발을 묶고 달리는 이인삼각 달리기다. 지금부터 키 순서에 맞춰 둘씩 짝을 정하도록! 남녀 각각 한 줄로 선다, 실시!"

아이들은 이리저리 뛰어다니며 키를 재고 한 줄을 만들기 시작했다. 키가 가장 작은 여자아이가 맨 앞으로 뛰어나가자 아이들이 키득거렸다.

키가 비슷한 파랑과 노을은 뒤쪽에 나란히 섰다. 두 사람의 바로 앞은 태수였다. 키가 작은 아름은 앞쪽에 섰고 아름의 근처에 서려던 란희는 뒤로 밀려 맨 뒤에 섰다. 아이들의 움직임이 멈추자 체육 교사가 다시 외쳤다.

"지금 옆에 선 사람이 짝이다."

란희는 자신의 옆을 보고 인상을 살짝 구겼다. 그녀의 짝은 태수였다. 그때 노을이 손을 번쩍 들었다.

"선생님, 저랑 파랑이는 짝이 없는데요."

"여학생이 두 명 부족하다. 맨 뒤의 두 명이 짝을 하면 된다."

체육 교사의 말에 여자아이들이 웅성거렸다. 내심 파랑이나 태수, 노을이와 짝이 될 것을 기대하고 있었는데 물 건너가 버린 것이다. 아이들의 웅성거림을 오해한 체육 교사가 말을 이었다.

"남자끼리지만, 이인삼각은 호흡이 중요하니 특별히 유리하지는 않다. 자! 연습 시간은 10분 주겠다."

노을은 슬쩍 파랑을 보았다. 모두 여자 짝인데 자신만 남자 짝이라니. 게다가 발목을 묶고 나니 움직이기가 여간 불편한 게 아니었다.

"뛰는 게 아니라 걷는 것도 힘들다."

노을이 발목을 묶은 끈을 고쳐 매며 투덜거렸다.

"구호에 맞춰서 움직이면 좀 편할 거야. 하나에 오른발, 둘에 왼발 이런 식으로."

파랑이 입을 열었다.

"뭐, 그건 그렇고 우리 진짜 자주 엮인다. 이 정도면 운명 아니냐? destiny?"

노을의 너스레에 파랑의 입가에도 미소가 번졌다. 파랑의 미소에 노을은 기분이 조금 좋아졌다. 처음이 어렵다. 일단 마음을 열고 나면 그다음에는 뭐든 생각보다 쉬운 법이다.

어느 정도 연습을 마친 노을과 파랑은 잠시 숨을 고르며 주변을 살폈다. 다른 아이들도 모두 호흡을 맞추려고 애쓰고 있었다. 노을이 갑자기 킥킥거리고 웃었다. 한쪽에서 란희와 태수가 뒤뚱거리고 있었다.

"이렇게 해서 어떻게 달려. 딱 붙으라고."

좀처럼 속도가 붙지 않자 란희가 태수의 허리를 손으로 감쌌다. 태수는 흠칫 놀라며 몸을 뺐다.

"좀 떨어져."

하지만 이에 굴할 란희가 아니었다.

"누군 좋아서 붙는 줄 알아? 수업 중에 무슨 내외야."

란희가 태수를 빤히 보다가 허리를 다시 붙잡으려고 손을 뻗었다. 당황한 태수는 뒷걸음질 치려다가 그 자리에 주저앉아 버렸다. 발목이 묶여 있는 탓에 란희도 몸이 기울었지만 재빨리 양팔을 착 펼치며 균형을 잡았다. 그러곤 주저앉은 태수를 노려보았다.

"뭐 하는 거야. 일어나."

자신을 불만스럽게 내려다보는 란희의 시선을 외면하던 태수는 마지못해 일어났다.

"붙지 마. 더워."

"까다롭기는. 그래서 어쩌자고."

다른 팀을 보니 손을 잡거나 팔짱을 끼고 있었다. 서로 허리를 감싸듯이 잡은 이들도 더러 있었다. 태수가 봐도 이대로는 속도를 내기 힘들었다. 자신도 모르게 한숨을 내쉰 태수는 란희를 쳐다보았다. 자꾸만 란희와 슬쩍슬쩍 닿는 것도 신경 쓰였지만 진짜 곤란한 건 따로 있었다. 바람결을 따라 풍기는 달콤하면서도 싱그러운 향기가 마음을 달뜨게 하고 있었다.

'냄새 더럽게 좋네.'

향기를 피해서 고개를 돌리던 태수는 파랑과 눈이 마주쳤다. 파랑이 자신을 보고 있는 일은 드물었다. 그러다 곧 자신을 보고 있는 게 아님을 깨달았다. 파랑과 노을이 보고 있는 건 란희였다. 태수는 보란 듯이 말했다.

"그럼 팔이라도 잡든지."

기록 측정이 시작되고 둘은 함께 출발선에 섰다. 툴툴거렸지만 태수와 란희의 호흡은 나쁘지 않았다.

처음에는 란희가 태수의 팔을 잡았지만 나중에는 서로 팔짱을 끼고 달렸다. 피니시 라인에 도착한 태수와 란희는 묶여 있던 다리를 풀고 숨을 골랐다.

"1등은 12.5초로 들어온 박태수, 허란희 조다."

체육 교사의 말에 란희가 신이 나서 팔짝팔짝 뛰었다. 태수는 그런 란희가 창피하다는 듯 고개를 돌렸다. 하지만 란희는 신경도 쓰지 않고 파랑과 노을에게 뛰어갔다.

"나 1등 했다!"

"1등 해서 좋~겠다."

"너희는?"

"우린 13.2."

"부실해, 부실해."

"설렁설렁 뛰어서 그래. 제대로 했으면 다 죽었어."

"네이네이. 그러시겠죠."

파랑은 하늘을 보며 무언가를 생각하는 듯하더니 노을의 팔을 툭, 치고 말했다.

"우리 기록에서 기준 시간을 빼면 (+13.2)-(+12.3)=+0.9다. 0.9초 초과야. 우리는 15점 받겠다."

"헐. 너 또 암산했냐?"

"응."

파랑이 당연하다는 듯 답했다.

"가자. 옷 갈아입어야지. 다음은 심화수학이니까 또 같은 반이네."

"아아~ 정태팔 그만 보고 싶다."

노을은 파랑의 어깨에 기대어 우는 시늉을 했다.

교실로 돌아온 아이들은 체육복을 갈아입고 반을 이동하느라 분주했다. 심지어 오늘은 수행평가 날이었다.

"지금부터 조별 수행평가가 있겠다. 기말 점수에 반영되니까 정신 똑바로 차리도록."

정태팔은 말이 끝나기가 무섭게 조별로 문제지와 답안지 그리고 색종이를 나눠 주었다.

"나눠 준 서술형 답안지에 풀이 과정을 자세히 작성해서 제출하도록! 예습을 한 조는 충분히 풀 수 있는 문제다. 다른 조에 방해되지 않는 선에서 조용히 상의해라. 제한 시간은 15분."

심화반 수업 방식은 점점 무한경쟁 체제로 접어들고 있었다. 놀라운 점은 아이들 모두 그 방식에 익숙해졌다는 것이다. 파랑은 모범생답게 주어진 문제를 차분하게 읽어 내려갔다. 란희와 아름은 문제를 보고도 전혀 감이 오지 않았다. 그리고 노을은 오늘도 아무 생각이 없었다.

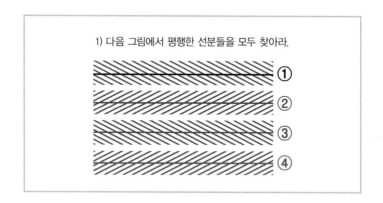

"답안지 이리 줘 봐. 내가 정리해서 적을게."

아름이 유리수 캐릭터 샤프를 꺼내 들었다.

"다 비뚤어!"

손가락으로 직선을 짚어 가면서 문제를 살피던 란희가 말했다.

"설마? 그럼 답이 없다는 거야?"

"그러게. 이상하네. 다 비뚠데."

란희 눈에는 아무리 보아도 평행선이 없었다. 노을도 마찬가지였지만 답이 없을 것 같지는 않았다. 문제를 뚫어져라 들여다보던 란희의 눈에 별안간 평행선이 나타났다.

"알겠다! 1번과 3번이 평행이고, 2번과 4번이 평행이야!"

란희의 말에 아름이 맞장구를 쳤다.

"오호! 그런 것 같은데?"

한 건 했다는 생각에 흐뭇해진 란희가 덩달아 고개를 끄덕였다.

그때 파랑이 입을 열었다.

"모두 평행이야. 주위의 사선 때문에 비뚤어져 보이지만 사실은 네 직선 모두 평행해. 단순한 착시현상이야."

란희는 그 말을 믿을 수가 없었다. 아무리 봐도 모두 평행선이 아니었다.

"에이, 말도 안 돼. 봐 봐! 이게 어떻게 모두 평행이라는 거야?"

파랑은 말없이 문제지에 자를 올렸다. 그러고는 문제지에 있는 직선들을 가로지르는 또 다른 직선을 하나 그었다.

"동위각과 엇각이 같으면 직선들은 평행하잖아. 그걸 확인해 보면 돼. 이렇게 모든 직선을 지나는 선 P를 긋고 ∠a와 동위각들 ∠b, ∠c, ∠d 그리고 엇각들 ∠e, ∠f, ∠g를 각도기로 재 보면 알 수 있어."

아름이 각도기를 꺼내 들었다.

"헐, 그러네! 그럼 답안지에 이렇게 적을까?"

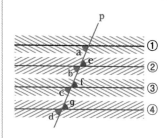

그림 속 직선들과 모두 만나는 직선 P를 그으면 ∠a와 같은 위치에 있는 동위각 ∠b, ∠c, ∠d가 생기고 또 ∠a와 엇갈린 위치에 있는 엇각 ∠e, ∠f, ∠g가 생긴다.

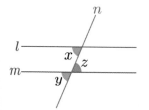

두 직선 l, m이 다른 직선 n과 만날 때 생기는 동위각인 ∠x와 ∠y가 같으면 직선 l, m은 서로 평행하고 또한 엇각 ∠x와 ∠z가 같아도 직선 l, m은 서로 평행하다.

그러므로 그림 속 ∠a와 동위각인 ∠b, ∠c, ∠d가 모두 같고 (∠a=∠b=∠c=∠d) 엇각인 ∠e, ∠f, ∠g가 모두 같으므로 (∠a=∠e=∠f=∠g) 직선 ①, ②, ③, ④는 모두 평행하다 (①∥②∥③∥④).

아이들이 고개를 끄덕이자 아름은 답을 적어 넣었다. 아름이 답안지를 채우는 동안 아이들은 다음 문제를 읽었다. 모두가 멍하니 문제를 읽는 가운데 파랑이 색종이를 접기 시작했다.

2) 변의 길이, 각의 크기가 모두 같은 정오각형을 나눠 준 색종이로 접고, 오각형 내각의 크기 합이 540°(도)임을 보여라.

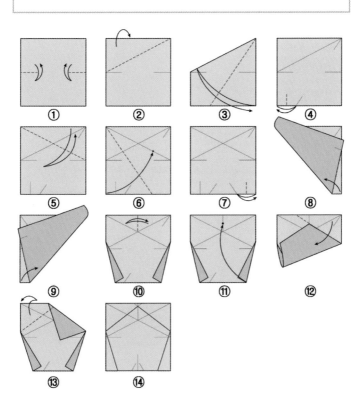

파랑은 단번에 오각형을 접어 냈다.

"정오각형의 한 꼭짓점에서 2개의 대각선을 긋고 따라 접으면 삼각형 3개로 나뉘어. 한 삼각형 내각의 합은 180°이고 그러면 오각형 내각의 총합은 180×3＝540°가 돼."

"넌 수학의 신이냐?"

란희가 감탄하는 사이에 아름은 파랑의 설명을 받아 적었다. 아름이 펜을 내려놓자 파랑이 답안지와 오각형을 가지고 나갔다. 정태팔은 어울리지 않게 다정한 눈빛으로 첫 번째 제출자인 파랑을 응시했다. 답안지를 읽어 내려가는 정태팔은 흐뭇한지 고개까지 끄덕였다.

"임파랑 조 5포인트."

덕분에 두 번째로 제출하게 된 태수의 표정이 일그러졌다. 두 번째 제출 조는 3포인트였다. 파랑네 조와는 2포인트나 차이가 났다. 자리로 돌아간 파랑은 다른 세 사람과 어우러져 웃었다.

"역시 우리 조 에이스. 너 아니었으면 우린 망했을 거야."

란희가 엄지손가락을 척 들어 보였다.

"그런데 지친다. 어제는 국어, 영어. 오늘은 체육이랑 수학. 며칠째 수행평가만 보는 것 같아. 기말고사가 정말 얼마 안 남았나 봐."

아름은 계속되는 수행평가가 부담스러운 듯했다. 그러자 란희가 쾌활하게 말했다.

"시험은 자고로 벼락치기지."

"안 돼. 시험 망치면 콘서트 티켓 안 사 주실 거야."

이번 성적표에 리미트 콘서트 티켓이 걸려 있었다. 아름은 노트에 인쇄된 유리수의 얼굴을 바라보며 열공을 다짐했다.

답안지를 제출하고 온 지석은 불만스러운 표정으로 태수 옆에 앉았다. 지석도 웃고 있는 파랑의 모습이 영 못마땅한 듯했다.

"저 봐. 임파랑, 저 여자애 좋아한다니까."

"그러거나 말거나."

태수는 신경 쓰고 싶지 않다는 듯 고개를 돌렸다.

"박태수, 네가 먼저 허란희한테 작업 걸어 봐. 너 여자애들한테 인기 많잖아."

"유치하게 그런 짓을 왜 해."

"재밌잖아. 계속 쟤들한테 밀리는 기분이라고. 보니까 진노을 쟤도 저 여자애 말이라면 껌뻑 죽던데."

"됐어."

그때 파랑의 웃음소리가 한 번 더 들려왔다. 그 소리는 태수의 기분을 조금 더 상하게 만들었다.

초등학교 때도 줄곧 전교 1등을 했던 파랑이었다. 하지만 지금만큼 존재감이 크지는 않았다. 노을과 란희를 만나면서부터 파랑의 존재감이 커지고 있었다. 더욱 거슬리는 것은 최근의 파랑이 즐거워 보인다는 점이었다.

태수는 파랑의 코를 납작하게 눌러 주고 싶었다. 하지만 어지간한 일로는 신경도 쓰지 않는 데다가 성적으로 이기는 것도 쉬울 것 같지 않았다. 모든 조가 답안지를 제출했을 때 정태팔을 찾는 안내방송이 울려 퍼졌다.

"수행평가는 여기서 마치겠다. 잠깐 자습하고 있도록."

정태팔이 나가자 란희가 주위를 기웃거렸다.

"왜 그래?"

남은 색종이로 장난을 치던 노을이 물었다.

"아니, 우리가 만든 정팔면체 잘 있나 봤어. 다시 보니까 별로 티 안 난다."

그때 태수가 자리에서 일어나 그들 앞으로 다가왔다.

"왜?"

파랑이 묻자 태수가 빈정거리듯이 답했다.

"너한테 볼일 있는 거 아닌데?"

"그럼 나?"

노을이 고개를 들었다. 그때 란희가 끼어들었다.

"색종이처럼 접히고 싶지 않으면 시비 걸지 말고 가라."

란희의 발언에 파랑이 픽 웃었다. 태수는 어쩌면 지석의 말이 맞을지도 모르겠다고 생각했다.

"시비 거는 거 아닌데?"

태수는 란희를 보며 입꼬리를 올려 웃었다. 그런 태수와 시선이 마주친 란희의 눈이 커졌다. 꽤나 매력적인 미소였다. 그리고 이어지는 태수의 말은 란희는 물론이고 모두의 동공을 확장시켰다.

"허란희, 너 나랑 사귈래?"

일순간, 수학실이 조용해졌다.

"뭐!? 그게 무슨 소리야."

란희가 어이없다는 듯 답했다. 하지만 태수는 신경 쓰지 않고 다시 말했다.

"사귀자고, 나랑."

노을도 당황스러운 표정으로 란희를 응시했다. 그런데 미쳤느냐며 비웃을 줄 알았던 란희의 얼굴이 발그레해져 있었다. 란희는 얼굴을 붉힌 채 답했다.

"어? 으응⋯."

그녀의 빠른 수락에 태수도 당황했다. 하지만 경직된 노을과 파랑의 모습이 시야에 들어오자 저절로 입가에 미소가 어렸다.

"그럼 나랑 사귀기로 한 거다."

태수는 그렇게 말하고는 뒤도 안 돌아보고 자기 자리로 갔다.

"에에엑?!"

노을이 뒤늦게 괴성을 질렀다. 아름도 얼빠진 듯한 목소리로 중얼거렸다.

"방금⋯ 무슨 일이 있었던⋯ 거야?"

"야, 나의 적은 너의 적이라며!"

노을은 어쩐지 억울한 마음이 되어 란희를 다그쳤다.

"하지만 심쿵 했단 말이야."

그 순간, 앞문을 열고 들어온 정태팔이 버럭 소리를 질렀다.

"조용히 못 해?! 조용히!"

분위기는 차갑게 가라앉았지만 란희의 얼굴은 계속 붉어지고 있었다.

파랑이 심각한 표정으로 란희를 응시했다. 아름이도 놀란 눈으로 태수와 란희를 번갈아 보았다. 그리고 노을은 어쩐지 조금, 섭섭했다.

2장

파란노을의 침입자

술래잡기

"그 자식이 그러니까, 란희가 바로 좋다고 하는 거야! 적이랄 땐 언제고!"

낮에 있었던 상황을 피피에게 중계하는 노을의 목소리는 점점 더 커졌다. 처음에는 담담하게 시작했는데 말을 할수록 감정이 격해졌다.

"너 그 여자애 좋아해?"

가만히 듣고 있던 피피가 물었다.

"미쳤어? 내가 왜!?"

"그런데 왜 그렇게 화를 내?"

흥분하기는 했지만 화를 낸 것은 아니었다. 노을의 정확한 감정은 서운함이었다. 노을의 일상 속에는 항상 란희가 함께 있었다. 그런데 오늘 저녁, 란희는 태수와 저녁을 먹겠다며 사라져 버렸다. 물론 란희가 연애하는 것을 반대하는 것은 아니다. 다만 그 상대가 태수인 것이 마음에 들지 않았다.

"그거야 당연히 그 자식이 별로니까 그렇지. 만나도 왜 그런 놈을 만나는 거야! 그래서 걱정하는 거야, 걱정!"

"어떤 애인데?"

노을은 태수가 어떤 애인지 곰곰이 생각해 보았다. 키 크고, 잘생기고, 공부도 잘하고, 자신만큼은 아니어도 집안도 좋….

"차가워. 차갑고 비열한 면도 좀 있어. 그리고 자격지심 쩔거든. 그럴싸한 찌질이야, 찌질이."

"네 말만 들으면 일단 별로네. 그래서 어떻게 하려고?"

"뭘 어떡해. 못 만나게 해야지!"

하지만 방법이 없었다. 말린다고 들을 란희가 아니라는 것쯤은 노을도 잘 알고 있었다.

"아. 애지중지 키운 딸을 시집 보내는 마음이 이런 걸까."

중얼거리던 노을은 란희를 찾아봐야겠다며 일어섰다. 그 어느 때보다도 란희와 대화가 필요했다. 기숙사 밖으로 나가자 몇몇 여자아이들이 노을의 주위를 맴돌기 시작했다. 평소 도끼눈을 뜨고 붙어 있던 란희가 사라졌기 때문일 것이다.

'얘는 어딜 간 거야.'

노을은 두리번거리며 란희를 찾았다. 란희가 있을 만한 곳은 많지 않았다. 란희는 답답한 건물보다는 운동장 근처 벤치에 앉아 있는 걸 좋아했다.

운동장을 배회하던 노을은 반대쪽에서 오는 아름을 발견했다.

"어디 가?"

"란희 찾으려고."

"등나무 벤치에 있어."

"그래? 같이 갈래?"

"여태 란희랑 같이 있다가 오는 길이야. 태수랑 만나기로 했다던데?"

"그 자식은 왜 또?"

"사귀기로 했잖아."

아름은 당연하다는 듯 말했다. 노을은 아름의 태도도 마음에 들지 않아서 퉁퉁 부은 심보를 드러냈다.

"그런 놈이랑 왜 사귄다는 거야."

"너, 설마 질투해?"

"뭐? 질투? 아니거든!"

"너 꼭 질투하는 것 같아."

살포시 웃은 아름은 노을의 기색을 살폈다. 발끈하는 모습이 귀엽게 느껴졌다.

"걱정하는 거야, 걱정!"

아름은 고개를 갸웃했다.

"정말?"

"말했잖아. 걘 나한테 가족이야. 괴롭히는 놈은 가만 안 둬!"

"하지만 태수는 괴롭히는 게 아닌걸."

노을은 말문이 막혔다. 아름의 말에는 조근조근하지만 무시할 수 없는 힘이 있었다. 노을도 알고 있었다. 어쩌면 상대가 태수여서만은 아닐지도 모른다.

태수가 아니더라도 언제고 란희는 좋아하는 남자애를 만나 사귀게 될 것이다. 그리고 조금씩 변해 갈 것이다. 연애는 사람을 변하게 하니까. 때로는 착하게, 때로는 오글거릴 정도로 애교 있게….

노을은 그 변화가 싫었다. 아니, 어쩌면 두려웠다.

"갑자기 유리수랑 성격 더럽기로 유명한 여자 아이돌이랑 스캔들이 난다고 생각해 봐. 기분이 어떻겠냐."

"난 오빠들의 사생활을 존중해. 그게 팬의 바른 자세야. 게다가 넌 란희를 좋아하는 것도 아니라면서."

"그렇다고 보고만 있어?"

"응. 삼각관계로 진입할 게 아니라면 그래야 한다고 생각해."

노을은 딱히 대꾸할 말이 생각나지 않았다. 아름과 헤어져서 둥나무 벤치를 향해 걷다 보니 휴대폰과 씨름하고 있는 란희가 보였다. 얼마나 열중하고 있는지 노을이 다가오는 것도 알아채지 못했다.

"뭐 하냐?"

노을의 심드렁한 목소리에 란희가 돌아보았다.

"아, 이거 너무 어려워."

란희의 휴대폰 화면을 보니 SNS를 시작하려는 모양이었다.

"갑자기 SNS는 왜?"

"그냥 태수가 하길래."

란희는 얼굴까지 붉혀 가며 말했다. 그 모습을 본 노을은 직감할 수 있었다. 란희의 변화는 이미 시작된 것이다.

"아주 가지가지 한다. 줘 봐."

노을은 투덜거리면서도 기본 설정을 맞춰 주고 자신의 계정을 친구로 등록했다. 몇몇 친구들의 계정도 찾아서 연결해 주었다. 그러자 타임라인에 글들이 나타났다.

"기본 설정은 대충 맞춰 놨어."

"오, 땡큐땡큐."

란희는 타임라인의 글을 확인하며 건성으로 대답했다. 노을이 그렇게 같이 SNS를 하자고 할 때는 들은 척도 않더니. 역시 변했다. 잠시 서운함에 잠겨 있던 노을이 넌지시 물었다.

"너 태수가 좋아?"

"아니. 내가 좋다잖아."

란희는 당연하다는 듯 말했다.

"좋다고는 안 했어. 사귀자고 했지."

"그거나 그거나. 오~ 질투하냐?"

"걱정되니까 그러지!"

"오구오구 그러셔? 이 누나는 걱정 말고 노을이는 파랑이랑 재미나게 노세요."

란희는 노을의 엉덩이를 툭툭 치면서 벤치에서 일어났다.

"아씨, 어딜 만져! 어두워지는데 또 어딜 가게?"

"태수랑 시험공부 하기로 했어."

"뭐? 이 시간에?! 어디서?"

"도서관."

"나는?"

"뭐가?"

"나 시험공부 하는지는 감시 안 해?"

"이제 독립하게나, 친구."

란희는 손을 팔랑팔랑 흔들더니 도서관 쪽으로 달려갔다. 껌딱지처럼 붙어 다닐 때는 귀찮았는데 막상 자유를 얻고 나니 서운함이 커졌다. 울적해진 노을은 천천히 교정을 거닐었다.

'뭔가 찜찜하단 말이야.'

그때였다. 후문 쪽에서 남자 목소리가 들렸다. 정태팔이었다. 노을은 마주치면 안 될 사람이라도 만난 것처럼 걸음을 멈추고 정원수 뒤로 몸을 움츠렸다.

"어떻게 된 거야? 적어도 나한테는 말했어야 하지 않아?"

그런데 뒤이어 들려온 목소리가 의외의 인물이었다.

"뭐가 궁금한 거지?"

류건이었다. 그의 목소리는 냉담했다. 한기가 풍길 정도로 차가운 말투는 그와 정태팔의 사이를 암시하고 있었다.

"그동안 어떻게 지낸 거냐."

"상관없잖아."

"그렇게 사라져 놓고 왜 이제 와서 다시 나타난 거야."

"왜? 뭐 찔리는 거라도 있어?"

"네가 갑자기 사라져서 얼마나 걱정한 줄 알아? 제로에서는 널 찾고 경찰들은 난리고."

"내 노트북, 제로한테 넘기고 돈 많이 받았잖아. 왜 이제 와서 걱정하는 척이야?"

"뭐?! 너까지 날 의심하는 거야?"

정태팔은 말끝을 흐렸다. 류건의 반응을 예상하지 못했다는 듯 당황한 표정이었다.

"의심? 내가 모를 거라고 생각했어? 그놈들이 어떤 놈들인 줄 알고. 넌 네가 무슨 짓을 했는지도 모르지?"

"내가 무슨 짓을 했는데?"

정태팔이 분하다는 듯 되물었다.

"네가 잘 알 거 아냐."

"증거 있어?"

그렇다. 정태팔이 노트북을 가져갔다는 증거는 어디에서도 나오지 않았다. 하지만 룸메이트였던 정태팔 말고는 아무도 그가 만든 프로그램인 씨씨의 존재를 몰랐다. 그리고 노트북이 사라진 날부터 3일간 정태팔의 행적이 묘연했다.

나중에 학교로 돌아온 정태팔은 아무것도 모른다는 말만 반복했다. 그 이후에도 정태팔은 몇 년에 한 번씩 어디론가 사라졌다 나타나곤 했다. 그가 사라진 동안 무슨 일이 있었는지는 10년째 밝히지 못한 일이기도 했다. 경찰의 시선 밖으로 사라진 것이 죄는 아니기 때문에 아무런 조치도 취하지 못한 채 10년이 흘렀다.

"정태팔, 제로는 범죄집단이야. 지금이라도 손 떼."

"제로가 어떤 집단인지 알게 뭐야. 나랑은 상관없는 일이야."

류건은 정태팔이 답답했다. 그가 노트북을 제로에게 넘기지 않았더라면 문제가 이렇게까지 심각해지지 않았을 것이다. 게다가 제로로부터 막대한 보상을 받았을 텐데도 그는 초라해 보였다.

"한심하다, 진짜."

한심하다는 말이 정태팔의 무언가를 건드렸다. 억울하다는 표정은 온데간데없이 사라지고 쌓여 있던 무언가가 폭발하듯 터져 나왔다.

"누가 한심해? 내가? 고등학교도 제대로 못 나온 네가 더 한심한 거 아니고? 네가 어떻게 학교에 들어왔는지 내가 곧 밝혀낼 거다."

"명탐정 나셨네. 맘대로 해. 아니면 제로한테 연락이라도 해 보든지. 내가 나타났다고 말해. 이번에도 제법 많이 받을 수 있을 텐데. 좋은 기회 아냐?"

류건이 그를 노발하려는 듯 빈정기렸다.

"아직도 네가 그렇게 대단하다고 생각해? 넌 그때의 류건이 아니야. 제로도 이제 너한테 관심 없을 거다."

"과연 그럴까?"

그 순간, 노을의 휴대폰에서 SNS 알림음이 들려왔다. 기척을 느낀 류건이 노을 쪽으로 고개를 돌렸다. 당황한 노을은 반사적으로 몸을 숨겼다.

눈치채지 못했는지 류건은 다시 정태팔을 응시했다.

"서로 부딪히지 말자. 편한 사이도 아닌데."

차갑게 말한 류건이 먼저 뒤돌아섰다.

"혜연이한테 네 얘기… 했다."

"…"

"만나고 싶어 하던데 연락처 줄까?"

그렇게 말하는 정태팔은 조금 쓸쓸해 보이기도 했다. 류건도 혜연 이야기가 나오자 멈칫했다. 셋이서 학교 곳곳을 돌아다니던 시절이 잠시 생각났다. 그때는 마냥 즐겁기만 했다. 하지만 다시 돌아갈 수 없는 시절이었다.

이 일이 깨끗하게 정리된다면 모를까. 지금 혜연을 만나는 건 위험했다. 자신이 처한 상황에 혜연을 끌어들이고 싶지 않았다.

"됐어."

류건은 뒤도 돌아보지 않고 노을이 숨어 있는 쪽을 향해 걸어왔다. 정태팔은 반대쪽으로 걸음을 옮겼다.

노을은 류건이 다가오자 재빨리 고개를 돌렸다. 몸을 숨길 곳을 찾아야 했지만 노을의 뒤로는 산책로뿐이었다. 숨을 공간은 보이질 않았다. 허둥대던 노을이 이상한 느낌에 고개를 들어 보니 류건이 자신을 바라보며 서 있었다.

"또 너냐."

류건은 곤란하다는 듯한 얼굴이었다.

"선생님이 gun007이시죠?"

노을의 질문에 그가 한숨을 내쉬었다.

"그렇다면?"

류건은 아니라고 대답하지 않았다. 그럴 거라고 생각했지만 부정하지 않는 모습을 본 노을은 확신할 수 있었다. 처음에는 대결을 하고 싶었다. 그러나 지금은 아니었다.

노을은 지금도 며칠에 한 번씩 학교 서버에 접속했다. 그리고 노을이 들어갈 때마다 보안 수준이 높아져 있었다. 처음에는 도발이라고 생각했지만 지금은 아니었다. 조금씩 노을의 실력이 향상될 수 있도록 지도해 주는 느낌이랄까. 그래서 요즘은 피피의 도움을 받지 않고 서버 보안을 뚫을 수 있을 만큼 실력도 늘었다.

노을은 호기롭게 대결을 신청하는 대신 궁금했던 것들을 풀어놓기 시작했다.

"그 놀이동산 불량배들이랑은 무슨 사이예요? 학교 근처에서 검은 옷 입은 남자들도 선생님을 찾던데요."

"검은 옷?"

"네."

류건의 입가에 미소가 어렸다. 제로가 움직이기 시작한 것은 맞는 모양이었다.

"술래잡기하는 거야."

"선생님이 쫓기시는 거예요?"

"아니, 내가 술래."

"에?"

류건의 말을 단번에 이해하지 못한 노을은 잠시 당황했다.

"그, 그럼 혹시 선생님이 해커 GUN은 아니죠? 아닐 거야. 그렇죠?"

류건의 얼굴이 순식간에 굳었다. 노을이 본 중 가장 극적인 표정 변화였다.

"글쎄."

류건은 자리를 피하려는 듯 그대로 노을을 지나쳐 갔다.

'대체 정체가 뭐지.'

노을은 류건이 해커 GUN일 거라고는 단정 짓지 않았다. 하지만 정말 아닐까? 자꾸 의구심이 들었다. 처음에는 gun007이 단지 GUN을 신봉하는 해커일 거라고 생각했다. 하지만 낯선 남자들이 찾는 것도 그렇고 도무지 뚫을 수 없을 것 같은 학교 서버도 그렇고 모든 게 이상했다.

그리고 제로. 류건과 정태팔이 말하던 제로의 정체는 뭘까.

류건이 사라진 방향을 응시하던 노을은 휴대폰 화면을 들여다 보았다. 노을을 궁지로 몰아넣었던 SNS 메시지는 란희의 타임라 인 업데이트 소식이었다. 란희의 타임라인에는 태수와 란희가 함 께 찍은 셀카 사진이 올라와 있었다.

"아오, 이 도움 안 되는 허란희."

노을은 휴대폰 단축키 10번을 눌렀다. 그리고 낮은 목소리로 통 화했다.

"김 비서 아저씨, 저 부탁이 있는데요. 사람 좀 알아봐 주세요. GUN이라고 예전에 유명했던 해커인데요. 네."

틴하게 지내면 안 돼?

기숙사로 돌아가는 노을의 발걸음은 무겁기만 했다. 기숙사 방문을 열자 책상에 앉아 있는 태수의 등이 보였다. 오늘 태수의 뒷모습은 한층 더 차갑게 느껴졌다. 노을은 침대에 누워 태수를 응시했다. 그리고 한숨을 내쉬며 말을 걸었다.

"너 무슨 생각이냐?"

"뭔 소리냐."

태수가 눈을 참고서에 고정한 채 대꾸했다.

"란희."

평소와 달리 노을의 목소리가 가라앉아 있었다. 태수의 입가에 미미한 미소가 걸렸다.

"네가 무슨 상관이야."

"하… 그래 내가 신경 쓸 일이 아니지."

노을은 애써 생각을 지우며 잠을 청했다. 늦은 시간까지 책장 넘기는 소리가 들려왔다.

다음 날 아침 눈을 뜨자 태수는 이미 나가고 없었다. 노을은 천천히 가방을 챙겨 교실로 향했다.

오늘부터 기말고사가 이어질 예정이었다. 수학 시험은 심화반끼리 치러졌다. 교실에 들어서자, 책 넘기는 소리가 가득했다. 노을은 파랑 옆에 앉았다. 란희는 노을이 온 것도 모르고 태수와 수다를 떨고 있었다.

"안녕."

아름만이 노을에게 반갑게 인사했다.

"아…. 하나같이 다 마음에 안 들어."

노을의 푸념에 파랑이가 작게 고개를 끄덕이며 동조했다. 이유는 알 수 없지만 파랑도 란희와 태수가 함께 있는 모습이 신경 쓰였다. 뭐라고 정의할 수 없는 낯설고도 불쾌한 느낌이었다.

뒤늦게 아름의 옆자리로 돌아온 란희가 밝은 톤으로 말했다.

"공부 많이 했어?"

"우린 어제 동아리 방에서 좀 했어. 너는?"

"도서관에서 태수랑 했지."

란희가 연애담을 풀어 놓으려는 순간, 정태팔이 들어왔다.

정태팔의 매서운 감시 하에 시험지가 나누어졌다. 그리고 엄숙한 분위기에서 시험이 시작되었다. 두 장의 시험지에는 17문항이 프린트되어 있었다. 서술형 평가는 평소에 본 수행평가 점수로 대체될 예정이었다.

2번 문제부터 막혀 버린 란희는 좌절했다. 모르는 문제는 넘기고 풀 수 있는 문제부터 꼼꼼히 풀어 나갔다.

16) 고대 그리스 수학자 아르키메데스는 다음 그림과 같이 원기둥 안에 꼭 맞는 원뿔과 구 사이에 일정한 부피의 비가 성립함을 발견했다. 그가 발견한 원뿔, 구, 원기둥 부피의 비를 간단한 정수의 비로 나타내시오. [10점]

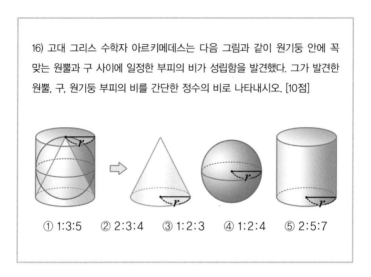

① 1:3:5   ② 2:3:4   ③ 1:2:3   ④ 1:2:4   ⑤ 2:5:7

16번 문제는 왠지 낯설지 않았다. 파랑이 보고 있던 책! 아르키메데스가 묘비에 새겨 달라고 했던 그 그림이었다. 파랑이 아름답다고 표현했던 비율은 1:2:3이었다. 덕분에 란희는 힘들이지 않고 답을 고를 수 있었다.

반면 태수는 직접 문제를 풀어야 했다. 원뿔, 구, 원기둥 부피를 구하는 공식을 암기했기 때문에 어렵지는 않았다. 반지름의 길이 r을 이용하면, 각 도형의 부피를 구할 수 있었다.

(원뿔의 부피) = $\frac{1}{3}$ ×(밑넓이)×(높이) = $\frac{1}{3}$ ×πr^2×$2r$ = $\frac{2}{3}\pi r^3$

 (구의 부피) = $\frac{4}{3}\pi r^3$

 (원기둥의 부피) = (밑넓이)×(높이) = πr^2×$2r$ = $2\pi r^3$

태수는 곧 원뿔, 구, 원기둥 부피의 비가 $\frac{2}{3}\pi r^3 : \frac{4}{3}\pi r^3 : 2\pi r^3$ 임을 알아냈다. 비의 모든 항에 0이 아닌 수를 곱하거나 나누어도 비의 값은 같음을 이용해 간단한 정수비로 나타내면 $\frac{2}{3}\pi r^3 : \frac{4}{3}\pi r^3 : 2\pi r^3$ = 1 : 2 : 3 이라는 결과를 얻어 낼 수 있었다.

$$\frac{2}{3}\pi r^3 : \frac{4}{3}\pi r^3 : 2\pi r^3$$

= $\frac{2}{3} : \frac{4}{3} : 2$ (모든 항을 πr^3으로 나눈다.)

= 2 : 4 : 6 (모든 항에 3을 곱한다.)

= 1 : 2 : 3 (모든 항을 2로 나눈다.)

마지막 문제를 보던 란희는 또 한 번 놀랄 수밖에 없었다. 바로 정팔면체 문제였다.

17) 다음 그림은 정팔면체 전개도다. 전개도에는 1에서 8까지의 숫자가 적혀 있다. 마주 보는 면에 적힌 수의 합이 일정할 때, 빈칸에 들어갈 수를 구하시오. [15점]

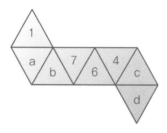

① a=5, b=3, c=8, d=2   ② a=3, b=5, c=8, d=2
③ a=2, b=3, c=5, d=8   ④ a=3, b=2, c=5, d=8
⑤ a=3, b=5, c=2, d=8

수학실에 따라갔던 것은 운명이었을까. 란희는 파랑이 그려 준 전개도와 노을이 만들었던 주사위를 떠올렸다. 주어진 전개도를 접으면 1이 적힌 면은 7이 적힌 면 그리고 4가 적힌 면과 만나게 된다. 또 a면과 c면 그리고 b면과 d면이 각각 만나게 되는 것이다.

'a면은 6과, b면은 4와, c면은 7과, d면은 1과 마주 보게 되는 거였지.'

생각이 여기까지 미치자 다음은 쉬웠다. 마주 보는 면의 합은 9였다. 그러므로 a=3, b=5, c=2, d=8인 5번이 정답이었다.

란희는 배점이 가장 높은 마지막 문제를 쉽게 풀었다. 덕분에 마음의 여유가 생겼다. 란희는 앞에서 못 푼 문제를 다시 꼼꼼하게 살펴보았다.

아이들이 펜을 내려놓는 소리가 곳곳에서 들리기 시작하고 시험이 끝났음을 알리는 종이 울렸다.

"그만! 답안지 내려놓고 각 분단 맨 뒷사람이 차례대로 걷어 와라. 지금 체크하면 부정행위로 간주한다."

답안지를 손에 든 정태팔이 교실을 나가자 란희는 속으로 '만세!'를 외쳤다.

"신의 계시 같았어. 파랑이가 보던 책이랑 정팔면체!"

아이들 대부분이 시간이 부족했다며 불만을 토로하는 가운데 노을이 속한 5조만 화기애애했다.

태수와 지석 또한 앞 페이지를 푸는 데 시간이 오래 걸렸다. 태수는 끝까지 다 풀기는 했지만 지석은 한 문항을 제대로 풀지 못했다.

지석은 태수의 시험지와 자신의 시험지를 맞춰 보다가 마지막 문제에서 한숨을 쉬었다.

"답이 5번이야? 4번 아니고?"

침통한 지석의 목소리 뒤로 노을의 웃음소리가 들려왔다.

"정팔면체 전개도 문제 너무 쉬웠어. 위기가 이렇게 기회가 되는구나."

"나도 맞혔어. 란희가 전에 엄청 자세하게 얘기해 줬거든."

아름도 정답을 써 낸 모양이었다.

전개도 문제를 틀린 지석은 분함을 감추지 못했다. 파랑은 그렇다 쳐도 노을과 란희, 아름까지 정답을 맞힌 것은 도무지 이해가 되질 않았다.

"가자."

태수와 지석이 일어나 앞문으로 향했다. 문 앞에는 먼저 나온 노을과 파랑이 시시덕거리고 있었다. 그 모습을 보던 지석의 미간이 찌푸려졌다.

"문 앞에서 얼쩡거리지 말고 비켜."

신경질적인 목소리에 노을이 고개를 돌렸다. 하지만 정작 눈이 마주친 것은 지석이 아닌, 태수였다. 노을은 여전히 두 사람 앞을 가로막은 채로 말했다.

"시험 망쳐서 기분 상했나 봐?"

평소에는 무시하고 지나쳤을 노을까지 빈정거리며 대꾸했다. 그러자 분위기는 금세 험악해졌다.

"이 새끼가!"

지석이 노을의 멱살을 잡았다. 싸움이라도 벌어질 태세였다.

"그냥 상대하지 마."

파랑이 주먹을 쥔 노을의 팔을 잡았다. 그 차가운 한마디는 태수와 지석의 분노 게이지를 한 방에 올려 버렸다.

코앞까지 다가선 태수가 노을의 어깨를 세게 치고 지나갔다. 그의 기세에 노을이 한 걸음 밀려났다.

"왜 사사건건 시비냐."

노을이 지석과 태수를 노려보며 한마디를 던졌다.

"야아!"

뒤쪽에서 란희가 소리치며 달려 나왔다.

"또 부모님 모셔 오고 싶어, 진노을?!"

"아, 왜 나한테 그래. 저 자식이 먼저 시비 걸었는데!"

노을은 억울하다는 듯 목소리를 높였다.

"누가 먼저 시비를 걸었는지가 중요한 게 아니야. 어머니를 또 오시게 할 건지가 중요한 거라고!"

"알았어. 안 싸워. 안 싸운다고!"

노을은 신경질적으로 소리를 지르며 한쪽으로 비켜섰다. 또다시 학부모 면담을 하게 되면 곤란한 것은 지석과 태수도 마찬가지였다. 노을과 파랑을 노려보던 태수도 얼굴을 구기며 입을 다물었다. 적당히 소강상태가 된 것처럼 보이자 란희는 태수를 따로 떼어 말했다.

"둘이 친하게 지내면 안 돼?"

"그건 힘들겠는데."

태수의 목소리는 차갑게 가라앉아 있었다.

"후, 이리로 와."

란희가 태수의 팔을 잡고 밖으로 나갔다. 둘이 사라지는 걸 보며 노을은 괜히 울화가 치밀었다.

"기분 더럽네."

파랑의 표정도 차갑게 굳어 있었다. 역시 마음에 들지 않았다. 두 사람 사이에서 눈치를 보던 아름이가 조심스레 말했다.

"저녁 먹으러 갈래?"

노을과 파랑이 아름의 뒤를 따라 걸었다. 기분은 기분이고, 밥은 밥이다. 식당을 향해 움직이는데 후문 앞에 류건이 서 있었다. 그는 어떤 여자와 이야기를 나누고 있었다. 몸에 붙는 정장을 차려입은 짧은 단발머리의 여자는 도시적인 분위기를 풍겼다.

"류건 쌤 여친인가?"

"뭐?"

노을이 툭 던진 말에 아름이 온 신경을 집중했다. 가까운 거리는 아니라 대화 내용까지는 들리지 않았다. 다만, 류건의 눈빛이 너무 슬프게 느껴졌다. 그래서인지 더 시선을 뗄 수 없었다.

한편 노을은 두 사람 앞에 세워진 자동차에 시선을 빼앗겼다.

"람보르기니잖아."

"좋은 차야?"

자동차에 별로 관심이 없는 파랑에게는 그저 비싼 차처럼 보일

뿐이었다.

"좋은 차 정도가 아니야. 우리나라에 몇 대 밖에 없는 슈퍼카야. 학교 앞에서 보게 될 줄은 몰랐다. 진짜 잘 빠졌네."

아름은 자신도 모르게 동조하듯 고개를 끄덕였다. 물론 아름이 보고 있는 것은 차가 아니라 류건 옆에 있는 여자의 몸매였다. 들어갈 곳과 나올 곳이 명확한 몸매는 한탄스러울 정도로 매력적이었다.

"그만 봐. 실례야."

파랑이 먼저 움직이자 노을이 아름의 어깨를 톡톡 쳤다. 아름은 그제야 고개를 돌렸다. 아름의 눈빛이 심하게 흔들렸다.

"뭐야, 너 류건 쌤 좋아해?"

"아니야."

"아닌 게 아닌 것 같은데."

"난 유리수 오빠밖에 없다니까."

아름은 몇 번이고 뒤를 더 돌아보았다. 분명 유리수 오빠뿐인데 이상하게도 계속 돌아보게 되었다. 류건 때문인지 갑자기 등장한 묘령의 여인에 대한 궁금증 때문인지는 알 수 없었다.

뒤늦게 노을을 따라 발걸음을 옮기려는데 주변의 소음을 뚫고 여자의 목소리가 들렸다.

"내가 널 얼마나 찾은 줄 알아?"

여자는 눈을 가늘게 뜨고 류건을 흘겨보았다.

"미안해."

"겉은 멀쩡해 보이네. 연락 한번 없길래 기억상실증이라도 걸린 줄 알았는데."

"미안하다."

"미안하면 다야? 그리고 태팔이가 내 연락처 안 줬어? 나타났으면서 왜 연락도 안 해?"

"사정이 있었어. 설명할 수는 없지만."

"변명도 안 하시겠다?"

"미안해."

"그래서 앞으로도 모르는 척을 하시겠다?"

눈앞에 서 있는 여자를 바라보는 류건의 표정에는 복잡한 감정이 담겨 있었다. 한참을 망설이던 류건이 다시 입을 열었다.

"당분간은 이 학교에 있을 거야. 사정이 있어서 나갈 수는 없어. 그러니까 가끔, 날 보러 와 줄래?"

류건의 말에 여자는 다시 눈을 가늘게 떴다. 그의 대답이 마음에 들지 않는 듯했다. 잠시 류건을 노려보듯 서 있던 여자는 어쩔 수 없다는 듯 어깨를 으쓱거렸다.

"좋아. 너그럽게 봐주지. 난 완벽하게 너그러우니까."

"고맙다. 언젠가, 언젠가는 다 말해 줄게."

언젠가는 말해 주겠다는 말에 여자의 표정이 한결 누그러졌다.

"얼굴은 그대로네. 길에서 봐도 알아봤겠어."

"넌 근사해졌다. 꽤 잘나가나 봐?"

그녀의 입매에 그린 듯한 미소가 어렸다.

"그럭저럭."

"넌 화려하게 살고 싶어 했지. 어느 정도는 이룬 것 같아서 보기 좋다."

"그럼, 난 완벽하니까."

그녀는 류건을 향해 해사하게 웃었다.

시험 시험 시험

　시험은 계속됐고 교실 쓰레기통에는 커피를 비롯한 카페인 음료 캔이 쌓여 갔다. 아이들은 이제 마지막 시험 날만을 남겨 두고 있었다. 시험 몇 과목을 망쳤다고 낙담하거나 잘 봤다고 기뻐할 시간이 없었다. 앞으로도 몇 번의 시험이 아이들을 기다리고 있었다.

　내일은 영어회화 시험이 있는 날이다. 모든 문제가 듣기평가로 출제되기 때문에 대다수의 아이들은 귀에 이어폰을 꽂고 있었다. 아름과 란희도 이어폰을 나눠 끼고 문제를 풀었다.

　"나 아무래도 이번 시험 망한 것 같아."

　란희가 한탄했다.

　"왜? 너 영어 잘하잖아."

　"벼락치기도 못 했어."

　태수 때문에 들뜬 탓일까. 이번 시험은 아무래도 예감이 좋지 않았다. 란희가 좌절하는 사이에 종례 시간이 다가왔다.

앞문이 열리더니 김연주가 들어왔다. 무슨 일 때문인지 란희네 반 담임인 정태팔은 오늘 학교에 나오지 않았다. 그녀가 등장하자 모두의 시선이 교탁 앞으로 모였다.

"내일이 마지막 시험인데 준비는 잘 되어 가니?"

김연주의 부드러운 한마디에 교실이 숙연해졌다.

"자! 마지막까지 준비 잘 하고 내일 노력한 만큼의 결과가 있길 바란다."

아이들의 입에서 한숨 소리가 새어나왔다.

"지금부터는 자유롭게 움직여도 돼. 공부 더 할 사람은 남고 나머지는 기숙사로 돌아가도 좋아."

김연주는 아이들을 향해 웃어 보이고 교실 문을 나섰다. 란희가 푸념을 늘어놓으며 주섬주섬 가방을 챙겨 들고 일어났다.

"아, 정태팔만 보다가 김연주 쌤 보니까 넘 좋다. 내년에는 제발 정태팔한테서 벗어나고 싶어."

"벌써 들어가게?"

"태수한테 가 보게."

란희는 부끄러운 듯 얼굴까지 붉히며 교실을 나섰다. 그녀는 2반 뒷문 쪽에서 고개를 내밀고 동태를 살폈다. 마침 그 모습을 발견한 노을이 반가움을 담아 손을 흔들었다. 하지만 란희는 발랄한 걸음으로 노을을 지나쳐 갔다. 그녀는 비어 있는 태수의 옆자리로 가서 앉았다.

"시험공부 끝났어?"

태수는 당연하다는 듯 '응'이라고만 답했다.

"시험은 내일이면 끝이고 조금 있으면 방학이잖아. 방학 때 뭐 할 거야?"

란희가 다시 묻자 성의 없는 태수의 대답이 이어졌다.

"가족들이랑 여행 가겠지."

"여행! 좋겠다. 어디로 가?"

"여름엔 항상 요트 타고 나가니까 올해도 그럴 거야. 어디로 갈 지는 모르겠어."

"우아! 요트! 좋겠다. 난 집에 틀어박혀서 선풍기나 끌어안고 있 을 텐데."

"선풍기?"

"응. 에어컨 달겠다니 엄마가 전기세 무섭다고 안 된대."

란희의 푸념에 태수가 이해할 수 없다는 표정을 지었다. 그러다 파랑과 눈이 마주쳤다. 굳어 있는 파랑의 표정을 본 태수는 미소 띤 얼굴로 란희를 향해 조금은 다정하게 말했다.

"아이스크림 먹으러 갈래?"

"좋아."

두 사람은 나란히 교실을 나섰다.

란희는 아이스크림을 좋아했다. 부드럽고 달콤한 아이스크림을 입에 넣을 때 사르르 녹아내리는 감각이 좋았다. 태수와 나란히 산책하며 아이스크림을 먹다니. 란희는 콧노래라도 부를 기세였다. 살짝 돌아보면, 태수의 날렵한 옆얼굴이 보였다. 그가 물었다.

"방학 때 학원 어디 다닐 거야?"

태수의 질문은 이렇게 지루한 것들이 대부분이었다.

"학원 안 다닐 건데."

"그럼?"

"노을이 과외받는 거나 꼽사리 끼든지. 그것도 귀찮으면 집에서 굴러다니던지?"

학원을 가지 않을 거라는 말에 태수는 지나치게 놀란 표정을 지었다. 파랑도, 태수도 공부 며칠 안 하면 하늘이라도 무너지는 줄 아는 모양이었다.

"너, 노을이네 자주 가?"

태수가 넌지시 물었다.

"왜 신경 쓰여?"

"아, 아니 그게 아니라."

그가 얼버무리며 넘어가려고 하자 란희가 걸음을 멈췄다. 이런 일은 확실히 하는 게 좋았다.

"어렸을 때부터 노을이네 집에서 거의 살다시피 했어. 그러니까 신경 쓰지 마. 걔랑 나는 아무런 사이도 아니니까. 꼭 정의해야 한다면 쌍둥이 정도? 그것도 사이가 몹시 안 좋은 쌍둥이?"

태수는 지석의 말이 사실일지도 모르겠다고 생각했다. 하지만 어딜 봐서? 란희를 이리 보고 저리 봐도 대한민국 상류층 1%의 인생과는 거리가 멀어 보였다.

"너희 아버지는 뭐 하시는데?"

"노을이네 아버지 운전기사셔."

란희가 콘을 와삭 씹으며 말했다.

"뭐? 운전기사?"

"응. 부우웅."

운전하는 흉내까지 내 보인 란희는 살짝 하늘을 올려다보았다.

"벌써 20년 하셨어. 아빠 보고 싶다. 노을이네 아버지도 굉장히 좋은 분이셔."

"뭐? 어. 그, 그래."

당황해서 말까지 더듬는 태수를 향해 란희가 환하게 웃었다.

"왜? 너도 내가 부잣집 딸내미인 줄 알았어? 노을이랑 같이 다니면 다들 그렇게 보더라."

"아니. 너무 격 없이 지내니까."

"같이 자랐으니까. 우리 엄마가 노을이네 집에서 음식 하셨거든. 지금은 그만뒀지만. 하여튼 같은 밥 먹고 같이 자랐으니까 친한 건 당연하잖아."

"어, 그, 그래."

태수는 작게 헛기침을 했다. 너무 당당하게 말하는 란희의 태도에 당황한 나머지 말을 계속 더듬고 있었다. 란희에게서는 자격지

심이나 열등감 같은 걸 찾아볼 수 없었다. 그래서 태수는 란희가
조금 궁금해졌다.

"넌, 노을이한테 열등감 같은 거 안 느껴?"

"진노을 걔한테? 왜? 내가 훨씬 나은데?"

란희는 당연하다는 듯 말했다.

"어? 그래도 걔는 거의 왕자님이잖아."

"걔가 왕자님? 그럼 넌 뭐 양반이고, 난 무슨 노예야? 그런 게
어딨어. 진노을만 딱 놓고 봐. 그냥 걘 또라이야. 그런데 내가 왜
걔한테 열등감을 느껴야 해? 노을이가 그 집에서 태어난 건 운이
좋은 거지, 걔가 대단해서가 아니잖아."

"그런가."

태수는 조금 시무룩해 보였다.

"너 파랑이랑 노을이한테 자격지심 있구나?"

"아니? 무, 무슨 소리야."

"왜. 그런 것 같은데. 너 맨날 파랑이 노려봤잖아. 처음에는 네
가 파랑이 좋아하는 줄 알았다니까."

"뭐?"

란희는 재미있다는 듯 손뼉까지 치면서 꺄르르 웃었다.

"아무튼 그러지 말라고. 자격지심 같은 거 느낄 필요 없어. 넌
너대로 충분히 괜찮은걸."

"난 항상 2등이잖아."

"전교 2등을 가위바위보로 딴 건 아니잖아. 그만큼 열심히 한 거 아니야?"

태수가 고개를 떨궜다. 어쩐지 란희에게 미안했다.

"그러네. 고, 고마워."

"고맙긴."

란희가 애교 있게 웃자 태수의 입가에도 미소가 걸렸다. 시작이 아무러면 어떤가. 태수는 점점 란희에게 빠져들고 있었다.

"방학 때 놀이공원 갈까? 소풍 때 자유시간이 짧아서 제대로 못 놀았잖아."

태수가 넌지시 물었다.

"좋아! 다 같이 가면 재밌겠다. 그런데 너 노을이랑 파랑이 껄끄럽지 않아? 지석이까지 끼면 놀이동산에서 난투극 벌어질지도 모르는데?"

"아니. 우리 둘이."

"뭐?"

"둘이서만."

란희는 순간 두근거리는 심장 소리를 들은 것만 같았다. 그 심장 소리가 태수한테서 나는 건지 자신한테서 나는 건지는 알 수 없었다.

어쩌면 둘 다일지도 모른다.

놀이공원은 무슨

"다음으로 시상이 있겠습니다. 시상은 정태팔 선생님께서 해 주시겠습니다."

TV 화면에 정태팔의 모습이 나오자 갑자기 화면이 어두컴컴해지는 느낌이었다. 정태팔은 검은 정장을 입고 있었다. 하지만 촌스러운 넥타이 때문인지 멋이라고는 전혀 나지 않았다. 탈모가 진행되고 있는 부스스한 머리카락에 거뭇한 수염 자국까지 어우러져 음침한 분위기를 완성시키고 있었다. 언제나 그랬지만 오늘의 정태팔은 유달리 초췌해 보였다.

1학년 1학기를 1등으로 장식한 사람은 역시나 파랑이었다. 2등은 태수였다. 태수는 한 학기 만에 키가 더 큰 것 같았다. 여자아이들의 눈이 화면 속 태수에게 한 번, 란희에게 한 번 쏠렸다.

"좋겠다, 란희야."

"내가 상 받은 것도 아닌데 뭐."

상장을 받고 인사를 하는 태수는 평소보다 더 당당해 보였다.

3등은 지석이었다. 파랑과 태수, 그리고 지석이 화면에 나란히 잡히자 소란은 더욱 심해졌다. 이 반을 통솔할 정태팔이 방송실에 가 있기 때문이기도 했다. 그리고 길고 지루한 교장의 훈화가 이어졌다.

"…이제 각 반 선생님들께서는 성적표를 나눠 주십시오. 그럼 모두 즐거운 방학 보내길 바랍니다."

정말 방학이었다. 이제 남은 건 성적표를 받는 일뿐이다. 잠시 후 성적표를 든 정태팔이 나타났다.

"지금부터 성적표를 나눠 주겠다."

모두가 긴장한 표정을 감추질 못했다. 아름은 기도라도 하는지 양손을 쥐고는 눈까지 꼭 감았다.

란희의 이름이 호명되었다. 성적표를 받아들고 자리로 돌아와서 펼치자 숨이 턱 막혔다. 처음 받아 보는 등수였다.

평균: 83.09 반 석차: 11/25 전교 석차: 56/120

상상도 못 했던 일이었다. 이대로 가면 노을을 놀릴 수도 없을 것 같았다. 상위권 학생만을 모아 놓은 학교라는 사실을 간과하고 있었던 것이 문제였다.

게다가 란희는 국어와 암기과목에 강한 편이었다. 하지만 이곳은 수학으로 시작해서 수학으로 끝나는 수학특성화중학교였다.

그나마 파랑과 함께 듣는 심화수학 시간 덕분에 이 정도의 성적을 유지한 거라고 생각하니 한숨이 절로 나왔다.

란희는 성적표를 접어 가방 속에 밀어 넣었다. 노을은 시험을 잘 봤다고 자신만만했었다. 피피가 뽑아 준 예상문제 덕분이었지만 그 사실을 알 리 없는 란희는 좌절할 수밖에 없었다. 노을보다 성적이 낮다니 그야말로 굴욕이었다.

"난 집에 가면 죽었다."

란희의 말에 아름도 고개를 작게 끄덕였다.

"콘서트 티켓 안 사 주시면 어쩌지."

다시 정태팔의 말이 이어졌다.

"이제 한 학기가 끝났다. 앞으로도 시험 칠 일은 많으니까 방학 동안 철저히 준비하도록 한다. 예습복습도 철저하게 하고, 건강한 모습으로 돌아오길 바란다. 반장, 인사."

반장의 인사로 종례가 끝나자 아이들은 탄성을 내지르며 부산스럽게 움직였다.

"망했다, 망했어."

계속되는 란희의 푸념에 아름이 그녀를 응시했다.

"나도 엄청나게 혼날 거야."

"그래도 어쩌겠어. 지나간 시험은 돌아오지 않아. 이번 시험은 그렇다고 치고 다음 시험이라도 잘 봐야 할 텐데. 방학 동안 과외라도 받아야 하나? 노을이 과외받는지 물어보고 안 되면 파랑이라도 붙잡고 늘어져야겠다."

란희는 나름 치밀한 계획을 세웠다. 노력하는 모습이라도 보여야 덜 혼날 것 같았다.

"넌 태수 있잖아."

아름의 말에 란희가 씩 웃었다.

"태수랑은 데이트해야지. 무슨 공부야."

그녀가 기분 좋게 기지개를 켜는데 뒷문에 서 있는 태수가 보였다. 란희는 환하게 웃으며 태수에게로 쪼르르 달려갔다. 두 사람은 소란스러운 복도를 지나 운동장 등나무 벤치에 앉았다.

"너도 성적표 받았어?"

"응."

대답하는 태수의 표정이 어두워 보였다.

"왜?"

"또 2등이잖아."

"2등이 뭐! 2등인데 왜 죽상이야. 자랑하고 다녀도 모자랄 판에."

"자랑? 난 또 졌는데."

"2등의 설움이야 공포영화에 꼭 필요한 소재긴 하지. 그래서 뭐. 이번에 1등 했으면 달랐을 것 같아?"

"응?"

"또 1등 자리를 내주게 될까 봐 안달할 텐데? 남이랑 비교해서 뭐해. 스트레스만 받지."

"네 말이 맞아. 그런데 그게 잘 안 된다."

당연한 말이었다. 다른 사람이랑 비교하는 건 스스로를 괴롭히는 일이었다. 하지만 알고 있다고 해도 어쩔 수 없는 일은 있는 법이다.

"잘 안 돼? 뭐가 문제인데?"

"어머니. 성적표 들고 가면 또 2등이냐고 난리 날 거야. 차라리 다른 학교에 갈 걸 그랬나."

"그건 안 돼."

"응?"

"그럼 날 못 만났잖아."

란희가 배시시 웃었다. 덕분에 태수의 얼굴에도 짧게나마 미소가 스쳤다.

"넌 성적 괜찮게 나왔어?"

"아니. 나야말로 큰일이야. 노을이 과외수업하는 거 꼽사리 껴야겠어."

그 순간 태수의 얼굴에 잠시 머물렀던 미소가 사라져 버렸다.

"난 네가 노을이네랑 친하게 지내는 거 신경 쓰여."

"뭐?"

당황스러워하는 란희를 보자 태수는 조금 부끄러워졌다. 이건 파랑을 견제한 게 아니었다. 말 그대로 질투였다. 꼴사납게 질투라니.

창피해서 땅굴이라도 파서 들어가고 싶었다. 물론 그간 노을과 파랑에 대한 적대감의 근원도 질투였다. 하지만 지금은 장르가 달랐다.

"아니. 그냥 그렇다고. 난 동아리 방에 볼일이 있어서 이만 가 봐야겠다. 이따 봐."

태수는 란희에게서 도망치듯 사라졌다. 등나무 벤치에 혼자 남은 란희는 덩달아 심란해졌다.

'이렇게 직접적으로 싫은 티를 내다니.'

첫 연애 상대가 선망의 대상인 것까지는 좋았다. 하지만 노을과 파랑의 원수라니. 로미오와 줄리엣도 아니고.

'사이좋게 지내게 할 방법이 없을까.'

이런 문제는 란희에게 남자 친구가 생긴다면 한 번은 대두될 거라고 생각했었다. 두 사람은 남들이 보기에 지나칠 정도로 붙어 다녔다. 실제로 둘이 사귀는 줄 아는 친구들도 많았다. 아무리 아니라고 말해도 변명처럼 들리는 모양이었다.

고민하던 란희는 태수가 있는 동아리 방으로 향했다.

'벌써 집에 간 건 아니겠지.'

란희가 동아리 방문을 열려는 순간 안에서 지석의 목소리가 들려왔다.

"허란희네 아버지가 진노을 아버지 운전기사래. 그래서 붙어 다니는 거라더라."

란희는 자신의 얘기가 나오자 멈칫했다.

"뭐? 태수 당황했겠다."

"어. 근데 겁나 당당하게 말하더래."

"아버지가 운전기사면 어때. 어차피 진노을이랑 임파랑 긁으려고 사귀자고 한 건데."

"하긴, 근데 나도 진짜 사귈 줄은 몰랐다."

"그래서 언제까지 사귈 거래?"

"모르지 뭐. 그런데 걔 봤어? 태수가 사귀자고 하니까 좋아하는 거? 주제 파악도 못 하고."

란희는 잡았던 문 손잡이를 놓았다. 손끝이 파르르 떨려 왔다.

"나 보러 왔어?"

낯익은 목소리에 고개를 돌려 보니 태수가 서 있었다. 그는 아무것도 모른다는 듯 반듯하게 웃고 있었다. 란희는 천천히 태수 쪽으로 돌아섰다.

다시 봐도 잘생기긴 했다.

"이 얼굴에 넘어간 내가 미친년이지."

"뭐?"

갑자기 들리는 여학생 목소리에 안에 있던 지석이 밖을 내다보았다.

"누가 왔, 헉."

란희를 발견한 지석이 당황해서 주춤 물러섰다. 그녀의 입가에 항상 걸려 있던 귀여운 미소는 사라지고 없었다.

"그래. 다 들었다. 이 쪼잔한 놈들아. 사내자식들이 열등감 쩔어서는."

란희가 두 사람에게 공평하게 삿대질을 하며 말했다.

"무슨 소리야?"

태수는 영문을 모르겠다는 듯 지석과 란희를 번갈아 쳐다보았다.

"무슨 소리는. 네 속셈을 내가 다 알았다는 소리지."

"뭐? 뭘 알아? 무슨 얘기야?"

"다 들었거든. 그러니까 이제 그만 발뺌하시지, 박태수!"

태수는 지석의 태도와 란희의 말로 상황을 대충 눈치챌 수 있었다. 변명거리를 찾던 그는 친구들이 지켜보고 있다는 걸 깨달았다. 일단 아무 말이라도 해야겠다는 생각에 입을 열었다.

"그, 그럼 내가 널 좋아하기라도 했을 줄 알았냐?!"

"뭐?!"

막상 되는대로 말하고 나자 태수는 아차 싶었다. 란희의 눈시울이 붉어지고 있었다.

"아니, 그게…."

태수가 난처한 듯 란희에게 한 걸음 다가섰다.

"그래! 주제 파악하게 해 줘서 고오맙다!"

란희는 자신에게 다가선 태수의 발등을 꽉 눌러 밟고는 홱 돌아섰다. 그러고는 씩씩한 걸음으로 그 자리를 벗어났다.

'놀이공원은 무슨!'

다행히 파란노을 동아리 방은 TOPS 동아리 방과 같은 층에 있었다. 란희는 힘차게 동아리 방문을 열었다.

그제야 참고 있던 눈물이 쏟아져 나왔다.

"나쁜 놈들."

컴퓨터 앞에 앉아 있던 노을과 파랑이 란희를 멍하니 돌아보았다. 그 둘의 시선에 힘입어 란희는 대성통곡을 시작했다.

"야, 뭐야? 너, 너, 왜 울어?!"

당황한 노을이 란희 앞으로 다가갔다. 파랑도 가방을 뒤져 휴대용 티슈를 꺼내 들고 다가갔다. 그리고 란희가 왜 이러는지 물어보는 듯한 시선을 노을에게 던졌다. 하지만 노을도 영문을 몰라 어깨를 으쓱해 보일 뿐이었다.

수학특성화중학교의 첫 여름방학은 그렇게 시작되었다.

방학! 방학?

지루할 정도로 오래 내리던 비가 그치자 후덥지근한 날씨가 이어졌다. 파랑은 학교 운동장을 가로질러 가고 있었다. 방학을 맞이한 학교는 조용했다. 학생들은 모두 집으로 돌아갔고, 교사 중 일부만이 남아 학교를 지키고 있었다.

파랑의 발걸음은 곧장 파란노을 동아리 방으로 향했다. 동아리 방문을 열자 란희와 노을이 고개를 들었다.

"왔어?"

란희는 오랜만에 만난 파랑이 반가운지 손을 작게 흔들었다.

"왜 오라고 한 거야."

파랑은 귀찮다는 듯 가방을 테이블 위에 올려놓았다. 하지만 입가에는 미미한 미소가 걸려 있었다.

"류건 쌤이 방학 동안 학교 게시판 완성하라고 하셨잖아."

"그런데?"

노을이가 모두에게 학교에 나와 달라고 한 이유는 간단했다.

"나 혼자 있으면 심심하니까."

파랑은 피식 웃으며 노을에게 다가갔다.

"그래서, 뭘 도와주면 되는데?"

"도와줄 거 없어. 넌 그냥 저기서 책 보면 돼."

파랑은 노을이 지목한 자신의 구석진 자리를 바라보았다. 그는 고개를 끄덕이고는 자신의 자리로 향했다. 그리고 자리에 앉자마자 수학 참고서를 펼쳤다.

"헐."

란희의 탄성이 동아리 방 안에 울렸다. 물론 노을이 책을 보라고 말하기는 했다. 하지만 당연하다는 듯이 참고서를 펼치다니. 란희는 파랑을 이해할 수 없었다.

노을도 신기하다는 듯 파랑에게 물었다.

"넌 공부가 그렇게 재밌어? 그것도 수학이?"

"답이 있잖아."

"뭐?"

"정답이 있어서 좋아. 머리가 복잡할 때는 수학 문제를 풀면 기분이 좀 나아져."

파랑은 문제를 풀며 답했다.

"내가 더 이상하냐? 쟤가 더 이상하냐?"

노을이 심각한 표정으로 란희에게 물었다.

"똑같이 이상해. 넌 얼른 게시판이나 만들어."

란희가 재촉했다. 노을은 컴퓨터에 앉아 자판을 치기 시작했다. 평소에는 뭐든 대충대충 했지만 컴퓨터 앞에서만큼은 다른 사람이 되었다.

"얼마나 걸려?"

"오늘 안에 끝나."

"헐. 그런 걸 지금까지 질질 끌다가 우리까지 학교에 나오게 한 거야?"

란희가 항의했다.

"그동안 잘 놀았잖아."

노을의 뻔뻔함이 마음에 들지 않았지만 같이 놀았던 란희는 그를 원망할 수 없었다.

"아름이는 왜 안 와?"

파랑이 물었다.

"리미트 콘서트 갔어."

노을과 파랑은 바로 수긍했다.

란희는 책이라도 읽을까 하는 마음에 책장을 기웃거렸다. 프로그래밍 언어 C, 자료구조, 알고리즘, 이클립스… 마음에 드는 제목이 하나도 없었다. 란희는 그나마 소설책 같은 느낌을 주는 제목인 '이클립스'를 꺼내 펼쳐 들었다.

'강력한 Java 개발 플랫폼…'

첫 줄을 읽은 란희는 바로 책을 덮었다. 사진 블로그를 볼까 하다가 그것도 내키질 않았다. 노을과 파랑이 각자의 영역에 몰입해 있었기 때문에 자신도 무엇이든 해야 할 것 같았다.

결국, 란희는 파랑의 옆에 앉아서 방학숙제 노트를 펼쳤다.

"임파랑, 방학숙제 좀 도와줘라. 네가 좋아하는 수학이야."

"뭔데."

파랑이 관심을 보였다. 그가 순순히 도와주겠다는 의사를 표시하자 오히려 놀란 건 란희였다.

"뭐야. 왜 이러지? 설마 안 귀찮아?"

"별로."

"뭐야. 너 나한테 잘못한 거 있지? 솔직히 말해라. 뭔 잘못을 한 게냐."

"…나 때문인 것 같아서."

"뭐가 너 때문이야?"

"태수."

태수의 이름이 호명되자 란희는 잠시 멈칫했다. 하지만 곧 웃음을 되찾고는 파랑의 등을 팡팡 때렸다.

"됐어. 그게 박태수 그 자식 잘못이지 왜 네 잘못이야."

"그냥."

"미안함은 넣어 두고, 이거나 봐 봐. 도수분포표랑 히스토그램 그리는 문제인데, 아직 안 배운 거라서. 너희 반은 이 숙제 없어?"

"우리 반은 숙제 없어."

"역시 김연주 쌤이 최고야. 나쁜 정태파알!"

파랑은 란희의 노트를 끌어당겼다. 노트에는 학생들의 몸무게를 조사한 자료가 있었다.

51	45	53	52	50	53	55	51	54	49
53	58	54	56	47	51	54	50	53	52
54	52	53	51	53	55	49	53	48	53

〈몸무게 기록〉

"전체적으로 보면 45kg이 가장 작은 값이잖아. 그러니까 45부터 2kg 간격으로 계급을 나누고 각 계급에 속하는 학생 수(도수)를 세서 이렇게 도수분포표를 만들 수 있어."

몸무게(kg)	도수(명)
45 ^{이상} ~ 47 ^{미만}	1
47 ~ 49	2
49 ~ 51	4
51 ~ 53	7
53 ~ 55	12
55 ~ 57	3
57 ~ 59	1
합계	30

〈도수분포표〉

"히스토그램이랑 도수분포다각형은 또 뭐야? 대체 이딴 걸 왜 배우는 걸까."

파랑은 그림을 그리며 설명하기 시작했다.

"도수분포표의 계급을 가로로 하고, 각 계급의 도수를 세로로 하는 직사각형의 그래프를 히스토그램이라고 해. 그리고 히스토 그램의 직사각형들 윗변 가운데 점을 연결한 것을 도수분포다각 형이라 하고."

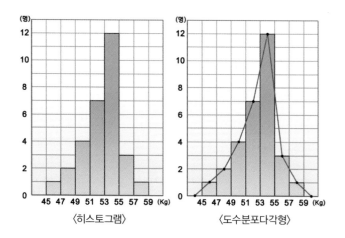

〈히스토그램〉　　　〈도수분포다각형〉

"이러면 53부터 55kg 사이의 학생이 가장 많다는 게 한눈에 보이잖아. 자료만 쭉 나열한 것보다는 도수분포표나 히스토그램으로 정리하면 자료의 분포 상태를 쉽게 파악할 수 있어."

"자상해!"

란희의 탄성에 노을이 고개를 들었다. 그리고 슬쩍 일어나 두 사람 주위를 기웃거렸다.

"그래서 네 몸무게는 여기 어디쯤인데? 표에 없는 거 아니야? 너 먹는 거 보면 60kg은 훌쩍 넘을 것 같은데."

"죽을래?!"

란희가 노려보자 노을이 딴청을 부렸다.

"아니. 일단, 밥부터 먹고 하자고."

"학생식당 안 할 텐데?"

란희의 반문에 기다렸다는 듯 노을이 답했다.

"스낵코너는 열어. 선생님들도 계시잖아."

"정말? 그럼, 떡볶이 먹자!"

란희의 먹방 선언과 함께 휴대폰 벨 소리가 울렸다. 노을의 휴대폰이었다.

"김 비서 아저씨! 안 그래도 전화 기다렸어요. 네."

김 비서라는 말에 란희의 귀도 쫑긋했다. 노을은 한동안 통화를 하더니 심각한 표정으로 란희와 파랑을 번갈아가며 응시했다. 분위기가 이상하자 란희가 재차 물었다.

"뭔데 그래? 너 또 사고 쳤지?"

"아니야."

"그럼?"

"그게…."

"맞고 말할래. 그냥 말할래."

"믿을 수가 없어서 그래. 류건 쌤이 GUN인 것 같아."

"니 하드 날려 버렸던 그 gun007?"

란희는 이해할 수 없다는 듯 고개를 갸웃거렸다.

"아니, 진짜 GUN."

"뭐가 달라?"

"GUN은 10년 전에 실종된 해커야. 왜 뉴스에도 나왔었는데. 10년 전에 한국은행 해킹사건이 있었는데 범인을 잡고 보니까 고딩이었어. 해킹한 이유가 뚫리는지 궁금해서였대. 아무튼, 그때 이후로 은행들 보안프로그램 싹 다 바꿨잖아. 그때 은행 보안프로그램 기초를 GUN이 고안했다는 소문도 있어. 그리고 바로 실종됐고."

"그렇게 대단한 사람이 우리 학교 컴터 쌤을 하고 있다고?"

"GUN의 본명은 류건, 한국과학고등학교를 다녔어."

"그냥 같은 이름 아니야? 정팔면체에서 본 그림이 정확한 것도 아니고. 얼굴도 비슷하고 이름도 같은 거지. 있을 수 있는 일이야."

노을이 말없이 휴대폰을 내밀자, 앳된 류건의 사진이 나왔다. 해사하게 웃고 있는 류건에게서 지금의 날카로운 눈빛은 찾아보기 힘들었다. 그 옆에는 앳된 정태팔도 있었다. 한 컷의 사진이었지만, 두 사람은 제법 친해 보였다.

그 아래는 김 비서의 메시지도 첨부되어 있었다.

— 류건의 실종 전 마지막 사진. 18살 봄 소풍. 그 이후로 GUN으로 활동한 기록 없음.

란희도 사진 속의 두 사람을 알아보았다.

"류건 쌤이랑 정태팔 쌤이네. 둘이 정말 친했나 봐. 아무튼, 류건 쌤이 그런 사람이라는 게 그렇게 놀랄 일인가?"

류건이 유명한 해커라는 건 놀랍지만 그렇게 심각한 일은 아니었다.

"아직도 행방불명 중이라니까."

"행방불명인 사람이 어떻게 선생님을 해."

란희가 의문을 제기했다. 그리고 고등학교 때 실종되었으면 중졸 학력이라는 얘기였다.

"그러니까 이상하다는 거지. 소풍 때도 그렇고, 얼마 전에도 류건 쌤을 찾는 남자들이 학교 주변을 어슬렁거렸어."

조용히 듣고 있던 파랑도 고개를 들었다.

"우리랑은 상관없잖아."

"거야 그렇지. 아, 근데 이게 뭔 소리야?"

갑자기 밖에서 들려온 소음에 란희의 미간이 찌푸려졌다.

"방학 중에 강당 공사한다잖아."

"아, 맞다. 일단 떡볶이나 먹으러 가자. 먹으면서 생각해, 먹으면서."

란희가 앞장서자 두 사람도 따라나섰다. 란희는 류건의 일은 곧 잊어버리고 웃고 떠들었다. 하지만 노을은 여전히 복잡한 표정이었다. 정말 GUN이 맞을까. 확인해 볼 필요는 있었다.

도둑이다!

운이 나쁜 날이 있다. 일이 생각처럼 안 풀리는 날, 혹은 풀리기는커녕 점점 더 엉키기만 하는 날 말이다. 바로 오늘처럼.

아이들이 동아리 방을 비운 틈을 타서 노을의 컴퓨터를 뒤지던 남자들은 막 떡볶이를 먹고 돌아온 란희와 눈이 마주쳤다.

"누, 누구세요?"

란희를 따라 들어오던 노을의 눈도 휘둥그레졌다.

건설회사 유니폼을 입고 있던 남자들은 갑자기 등장한 아이들을 보고 당황한 듯했다. 하지만 남자들의 표정은 곧 사나워졌다. 상황이 심상치 않다는 것을 느낀 노을이 외쳤다.

"도, 도망쳐!"

"뭐?!"

노을이 뒤돌아 도망치자 아이들도 덩달아 뛰기 시작했다. 그러자 키가 큰 남자가 부드러운 목소리로 말했다.

"잡아 오십시오."

3명이 모두 붙잡히는 데는 1분도 채 걸리지 않았다. 아이들은 동아리 방으로 다시 끌려왔다. 세 사람의 시선이 바쁘게 오고 갔다. 아이들을 구석으로 내몬 남자들은 다시 수색을 시작했다.

노을의 컴퓨터를 뒤지던 남자가 고개를 들었다.

"특별한 건 없습니다. 해킹 프로그램이 깔려 있기는 한데 초보적인 겁니다."

"그렇습니까? 일단 카피하십시오."

남자들이 컴퓨터에 손을 대자 노을은 몸이 달았다. 게다가 피피의 도움을 받아 완성한 자신의 역작을 보고 초보적이라고 평하다니 자존심도 상했다.

"그거 제 컴퓨터인데요. 아무것도 없어요. 막 손대지 마세…요."

진두지휘하던 키 큰 남자가 노을을 응시했다. 덕분에 노을의 목소리가 조금씩 작아졌다.

"진노을 군, 컴퓨터 동아리 부원인가요?"

노을은 그제야 그 남자를 알아봤다.

"어!? 놀이공원 불량배."

노을이 삿대질하자 란희가 그의 손가락을 잡아서 내리며 눈치를 살폈다. 하지만 아이들을 신경 쓰는 사람은 없었다. 남자들 모두 각자 자신이 하던 작업을 계속할 뿐이었다.

"별다른 건 없습니다. 이 아이들은 어떻게 할까요."

주변에 있던 남자들이 볼일을 마치고 다가왔다. 키 큰 남자는 조금 고민하더니 가볍게 말했다.

"일단 데려가는 게 좋겠습니다. 류건을 불러내는 데 도움이 될 겁니다. 다치지 않게 살살 다뤄 주세요."

류건이 언급되자 란희가 손을 번쩍 들었다.

"왜, 왜요. 선생님이 뭐요?"

"조용히 해!"

남자들이 윽박지르자 란희는 슬며시 손을 내렸다. 란희의 눈동자가 불안으로 일렁였다. 남자들은 아이들의 팔을 붙잡고 강제로 이끌었다.

"아, 이거 놔요. 학교에서 이게 뭐하는 거예요!"

발악을 해 봐도 소용없었다.

남자들은 바동거리는 아이들을 끌고 동아리 방 밖으로 향했다. 그 순간, 앞문이 덜컥 열렸다. 그리고 김연주와 류건이 달려 들어왔다.

"선생님!!"

두 사람을 발견한 아이들은 애절하게 선생님을 불렀다.

"애들 데리고 뭐하는 짓이지?!"

김연주가 매서운 눈빛으로 쏘아붙였다. 하지만 키 큰 남자는 그녀를 무시한 채 류건을 응시했다.

"이런, 제 발로 걸어 나오실 줄은 몰랐습니다."

남자의 아는 척에 류건도 입을 열었다.

"거의 10년 만인가? 19호. 아직도 19호인가?"

"승진했습니다. 이젠 8호죠."

8호의 입가에 그린 듯한 미소가 어렸다. 류건보다 나이가 많아 보였지만 그는 말을 낮추지 않았다.

"얼마나 큰 성과를 냈길래 승진이 그렇게 빠른 거지."

8호라는 호칭은 그를 부르는 이름인 동시에 제로라는 조직에서의 서열을 나타내 주는 것이기도 했다.

"10년이 지났으니까요."

"그래. 10년이나 지났지. 반가우면 우리 애들은 그만 놔주지."

류건의 말에 8호는 아이들을 돌아보았다. 류건을 불러낼 수 있는 아이들이라니 만족스러웠다.

"우린 나눌 이야기가 많을 것 같습니다. 얘기만 잘 끝나면 애들은 풀어 주겠습니다."

"미안하지만 둘 다 안 되겠는데!"

잠자코 두 사람의 대화를 듣고 있던 김연주가 재킷 안쪽에서 권총을 꺼내 들었다. 그녀는 망설임 없이 8호를 향해 조준했다.

"평범한 선생은 아닌가 보군요."

자신의 눈앞에 총구가 겨누어졌지만, 8호는 흐트러짐이 없었다.

딸꾹, 딸꾹.

뜻밖의 전개에 놀란 란희가 딸꾹질을 시작했다. 란희는 두 손으로 입을 가렸지만 딸꾹질은 멈추질 않았다.

"우리 애들이 놀랐잖아. 그만 사리져 주는 게 어때?"

김연주가 총구를 바깥쪽으로 가리키며 퇴장을 종용했다.

"정부 쪽인가 봅니다?"

"그렇다면?"

"그래서 찾을 수 없었던 모양입니다. 그런데 왜 갑자기 나타난 겁니까?"

8호는 눈앞에서 움직이는 총 따위는 상관없다는 듯 느긋하게 말했다.

"그건 알 거 없고. 조용히 퇴장이나 하시지."

김연주는 재차 나갈 것을 종용했다. 상대는 넷이었다. 지원팀이 곧 올 테니 물고 늘어지면 한 명은 붙잡을 수도 있을 것 같았다. 하지만 잘못하면 아이들이 말려들 수도 있다는 게 문제였다.

게다가 원하는 바를 이루려면 지금은 이들을 놓아줘야 했다. 미끼를 물었으니 이들은 분명히 다시 돌아올 것이다.

"우리가 당신 한 명을 상대하지 못할 것 같습니까."

"왜 나 혼자라고 생각하는 거지? 소란 피우기 싫으니까 조용히 나가."

8호는 류건과 노을을 번갈아 보았다. 그녀의 말대로 여기서 소란을 피워서 좋을 게 없었다. 잘못해서 류건이나 노을이 다치면 상황이 복잡해질 수도 있었다. 8호는 노을을 힐끔거렸다. 하필이면 그의 아들이라니.

"뭐, 일단 확인했으니 이번엔 조용히 물러나도록 하지요. 우리는 다음에 또 보는 걸로."

남자들은 김연주를 무시한 채 성큼성큼 밖으로 나갔다. 김연주의 총구는 남자들의 움직임을 따라갔다. 그들이 문을 닫고 나간 뒤에도 한참이나 주시하고 있었다.

남자들이 사라진 것을 확인한 란희는 다리에 힘이 풀려 주저앉고 말았다. 노을도 넋이 나간 듯했고, 비교적 제정신을 유지하고 있던 파랑이만이 김연주와 류건을 향해 입을 열었다.

"이게 무슨 일이에요?"

김연주는 아이들을 돌아보고는 한숨을 폭 쉬었다. 총을 안주머니에 넣고 나자 난감함이 몰려왔다. 어디까지 설명해야 할까. 게다가 아이들에게 들키다니 시말서를 쓰는 것 정도로 끝날 일이 아니었다.

뒤늦게 경비들이 달려왔다. 그중 먼저 도착한 남자가 김연주 앞에 서서 고개를 살짝 숙였다.

"죄송합니다. CCTV 확인이 늦었습니다."

"저 인원이 어떻게 들어온 거지?"

김연주가 차갑게 말했다.

"강당 공사장 인부에 섞여서 들어왔나 봅니다."

"일 똑바로 안 해?"

갑자기 돌변한 김연주가 경비원의 정강이를 걷어찼다. 청순한 여교사의 이미지는 온데간데없었다. 아이들은 김연주의 모습에 놀라 입을 헤벌렸다. 그 모습에 류건이 한마디 했다.

"아이들은 어쩔 거야?"

김연주는 돌아서며 다시 한숨을 몰아쉬었다.

김연주는 경비원들을 돌려보내고 놀란 아이들을 의자에 앉게 했다. 그러고는 자신도 비어 있던 의자에 삐딱하게 앉았다.

'어디까지 말해야 하지.'

그녀는 다리를 떨며 고심했다. 아이들은 그러한 김연주를 보고 적잖게 놀란 상태였다. 친절한 김연주 선생님은 어디로 갔을까. 게다가 총이라니.

"이, 이게 무슨 일이에요?"

이번엔 노을이 물었다. 말까지 더듬는 노을의 모습에 류건이 먼저 입을 열었다.

"내가 GUN이 맞다."

"에에에엑!?"

노을이 소리를 질렀다.

"왜? 왜요? 왜 GUN님이 컴퓨터 수업을 하고 계신 거예요?"

류건은 어디까지 설명해야 할지 결정하지 못하고 김연주를 쳐다보았다. 그러자 김연주가 해맑게 웃었다.

"오늘 일은 못 본 걸로"

"말씀해 주세요."

노을이 다시 물었다. 그러자 김연주의 미간이 살짝 찌푸려졌다.

"왜 류건 쌤이 컴퓨터 수업을 하고 있는지는 말해 줄 수 없을 것 같은데."

"그럼 선생님은요? 그 총은 뭐고요?"

"나는, 음. 경찰 비슷한 거라고 생각하면 될 것 같아."

김연주는 더는 아이들의 호기심을 충족시켜 줄 생각이 없었다.

"아까 그 남자들은요?"

"악당이라고 해 두자."

"비밀임무, 위장근무 이런 거예요?"

김연주가 고개를 끄덕이며 나긋나긋한 목소리로 대답했다.

"맞아. 그러니까 오늘 일은 너희가 잊어 줬으면 좋겠어. 밖으로 새어나가면 안 되는 일이거든. 아주 중요한 일이야. 비밀 지켜 줄 수 있지? 특히 진.노.을."

란희와 파랑은 무언가에 홀린 것처럼 고개를 끄덕였다. 하지만 노을의 호기심은 끝나지 않았다.

"류건 선생님, 고2 때 행방불명 되신 거 아니에요?"

김연주가 난감한 듯 이마를 손가락으로 꾹꾹 눌렀다. 이번엔 류건이 대답했다.

"행방불명이 아니야. 그때 이후로는 정부의 관리 하에 있다는 정도만 말해 줄게. 내가 설명해 줄 수 있는 건 여기까지다. 중요한 일이니까 내색하지 말아 줬으면 좋겠다."

류건이 말을 마치자 김연주는 서둘러 아이들을 동아리 방 밖으로 떠밀었다.

"자, 너희는 해산! 집으로 돌아가."

"저희 게시판 만들어야 하는데요."

노을이 살짝 반항해 보았다.

"그냥 가. 너 학교 보안도 뚫었다며. 게시판 만드는 건 하루도 안 걸리겠네. 그냥 개학하고 해. 비밀 지키는 거 잊지 말고. 말해도 아무도 안 믿겠지만."

"조건이 있어요!"

노을의 당돌한 외침에 김연주와 류건이 돌아보았다.

"GUN님, 사인해 주세요."

"뭐?"

귀여운 요구에 김연주가 풋 하고 웃었다. 류건도 웃음을 참으려고 입술에 힘을 주면서 테이블 위에 놓인 종이에 사인을 했다.

잠시 후 건물 밖으로 떠밀려 나온 아이들은 멍하니 학교를 돌아보았다. 란희가 물었다.

"아까 무슨 일이 있었던 거냐?"

"또 도둑이 들었던 거지."

파랑이 아무렇지도 않은 표정으로 대답했다.

"아, 도둑. 그리고 GUN님이라니."

노을은 사인지를 가슴에 품은 채 들뜬 모습이었다. 세 사람은 터덜터덜 교정을 나섰다. 멀리서 공사장 소음이 들려왔다.

"덥다."

란희가 손으로 팔랑팔랑 바람을 일으키며 걸음을 빨리했다. 노을은 이제 막 저녁 빛이 번지고 있는 하늘을 올려다보다가 잠시 걸음을 멈췄다. 날이 저물어 가고 있었다.

3장
올림피아드 대소동

농락당하고 있어

2반 교실에는 풍선이 주렁주렁 매달려 있었다. 칠판 가운데엔 단정한 글씨로 〈축 개학〉이라는 글자가 적혀 있었다. 하나둘씩 교실에 도착한 아이들은 김연주가 자신들을 위해 준비한 작은 이벤트를 발견하고 한층 밝아졌다.

노을은 벽에 걸린 풍선을 손으로 툭툭 건들며 장난을 쳤다. 막 도착한 파랑도 자신의 자리에 앉았다. 노을이 고개도 돌리지 않은 채 말했다.

"왔어?"

"응."

짧은 말이 오고 갔지만, 그걸로 충분했다.

동아리 방에서 일어난 사건에 대해 하소연할 곳이 필요했던 노을, 파랑, 란희 세 사람은 거의 매일 만나서 그날 일을 회상했다. 방학 때 본격적으로 리미트를 따라다니던 아름도 가끔씩 만났기 때문에 오랜만에 본 것 같은 느낌은 없었다.

반면 다른 아이들은 방학 동안 있었던 일들을 얘기하느라 여념이 없었다. 예쁘게 꾸며진 교실에 대한 이야기도 심심치 않게 들려왔다. 잠시 후 교실을 꾸며 놓은 장본인인 김연주가 앞문을 통해 들어왔다. 김연주는 방학식 날과 같이 친절한 모습이었다.

"다들 방학 잘 보냈니?"

청순하고 상냥한 미소에 아이들의 얼굴에도 웃음꽃이 피었다.

"아, 모두 농락당하고 있어."

노을의 작은 목소리를 감지한 김연주가 살짝 노려보았다.

깜짝 놀란 노을은 입을 꾹 다물었다. 그녀가 겨누고 있던 총이 눈앞에 선했다. 영화에서나 나올 법한 총을 직접 보게 되다니. 파랑도 그녀를 마주 보는 게 어색한지 슬쩍 시선을 돌렸다.

"드디어 2학기가 시작됐어. 새로 나온 시간표는 교실 뒷문에 붙어 있으니까 확인하도록 하고. 10월 초에 학교 축제가 있을 거야. 축제 준비는 동아리 별로 하면 돼. 담당 선생님들께서 따로 안내해 주실 거야. 축제는 자율 참가긴 하지만 가능하면 모든 동아리에서 참여했으면 해. 좋은 추억이 될 거야. 그럼 남은 한 학기도 잘해 보자."

김연주가 눈을 휘며 웃자 아이들의 얼굴에도 미소가 피어났다. 그리고 저마다 축제에 대한 이런저런 생각들로 머릿속이 가득 채워졌다.

아이들을 지켜보던 김연주가 다시 입을 열려고 할 때였다.

— 아, 아, 지금부터 개학식을 시작할 예정이니 TV를 켜 주시기 바랍니다.

정태팔의 목소리가 스피커를 통해 흘러나왔다. TV 화면에 〈개학식〉이라는 자막이 떠올랐다. 이어서 들려온 교장의 목소리와 함께 본격적으로 새로운 학기가 시작되었다.

길고 지루한 개학식이 끝나자 아이들에게는 자유시간이 주어졌다. 일부는 삼삼오오 모여 몰려다니며 방학 동안의 이야기를 늘어놓았고, 일부는 짐을 풀기 위해 기숙사로 들어갔다.

노을은 홈페이지를 완성해야 했기 때문에 동아리 방으로 향했다. 막상 동아리 방문을 열자니 안에 또 누군가 숨어 있을지도 모른다는 생각에 긴장이 되었다. 노을은 슬쩍 문을 열고 문틈으로 안을 들여다보았다. 걱정과는 달리 동아리 방에 앉아 있는 사람은 파랑이었다.

"와 있었어?"

"여기가 제일 조용해서."

파랑이 읽고 있던 책에서 시선을 떼지 않은 채 말했다.

"난 게시판 완성하려고. 오늘은 진짜진짜 완성해야지."

묻지도 않았는데 노을이 대답했다.

"응."

파랑은 다시 무심하게 대꾸하며 페이지를 넘겼다.

"그런데 진짜 꿈같지 않냐? 류건 쌤이 GUN님이라니. 어마어마하다, 정말."

"그래."

"GUN님은 내 인생의 우상이라고. 그냥 궁금해서 한국은행 보안을 뚫어 버린 그 충만한 똘끼. 본받아 마땅하지."

혼자서 신이 나서 떠들던 노을은 갑자기 들려온 노크 소리에 고개를 돌렸다. 파란노을 부원 중 노크를 하고 들어오는 이는 없었다.

"네~."

노을의 발랄한 목소리에 맞춰 문이 열렸다. 들어선 사람은 뜻밖에도 태수였다. 노을의 목소리가 퉁명스럽게 변했다.

"뭐냐?"

"이거. 류건 선생님께서 가져다 주라고 하셔서. 난 전달했다."

태수는 문에서 제일 가까운 테이블에 종이 뭉치를 내려놓았다.

"이게 뭔데?"

"축제 관련 안내문."

"뭐가 이렇게 많아."

노을은 연신 투덜거렸다. 첫 축제인 만큼 준비할 게 많은 모양이었다. 태수는 파란노을 동아리 방 안을 둘러보았다. 아쉽게도 란희의 모습은 보이질 않았다. 그대로 동아리 방을 나와 복도를 걷는데, 게시판에 수학올림피아드 중등부 포스터가 붙어 있었다.

며칠 앞으로 다가온 대회가 태수를 들뜨게 했다.

그때, 반대쪽에서 걸어오는 란희가 보였다. 소프트아이스크림을 먹으며 걸어오던 란희는 태수를 발견하고는 걸음을 멈췄다.

방학 사이에 짧아진 란희의 머리 스타일이 눈에 들어왔다. 짧은 단발머리는 란희의 발랄한 분위기와 잘 어울렸다. 태수는 무슨 말이라도 해야 할 것 같은데 마땅한 단어를 찾지 못하고 있었다. 막연한 답답함을 안고 란희 앞에 멈춰 섰지만 그녀는 그냥 지나가 버렸다. 달콤하면서도 싱그러운 향기만이 잔상처럼 남았다.

"머리, 잘 어울린다."

뒤늦게 던진 태수의 말에 란희가 멈칫하고 돌아보았다.

"뭐래. 아직 나한테 볼일이 남아 있어?"

란희가 눈을 동그랗게 뜨고 모르는 사람처럼 말했다.

"아니, 그냥. 방학 동안 전화도 안 받고 해서."

태수는 말을 얼버무렸다.

"웃기고 있네. 내가 네 전화를 왜 받아."

마땅히 할 말이 없었던 태수의 시선이 다시 게시판 포스터에 닿았다. 란희도 자연스레 태수의 시선을 따라갔다.

"중등부 대회, 연습 삼아 나가 보려고."

"그러시던지요."

란희는 그대로 직진했다. 태수는 어찌할 줄 몰라 하다가 그냥 수학 동아리 방으로 들어갔다. 그제야 직진하던 란희가 멈춰 섰다. 뒤돌아선 란희는 다시 포스터 앞으로 걸어갔다.

"흠."

란희는 포스터를 떼어 내서 돌돌 말고는 포스터를 야구방망이처럼 휘두르며, 컴퓨터 동아리 방문을 활짝 열었다.

란희가 파랑을 보며 씩 웃었다.

"임파랑! 너도 여기 나가라."

란희는 포스터를 테이블 위에 떡하니 올려놓았다.

"응?"

수학올림피아드 포스터였다.

"나가서 태수 그 자식을 잘근잘근 밟아 버려."

"에이, 파랑이 이런 거 귀찮아해."

어느새 다가온 노을이 회의적인 의견을 제시했다.

"어, 음. 왜! 여기서 순위권에 들어가면 좋잖아. 특목고 입학할 때도 그렇고."

"복수는 스스로 알아서 하시지!"

"내가 나가면 무슨 망신이야. 중3 과정까지 다 나온대. 반도 못 맞힐 거야."

란희가 시무룩해 있자, 파랑이 말했다.

"나가 볼게."

"뭐?!"

의외의 반응에 노을의 눈이 커졌고, 란희는 눈을 반짝였다.

"진짜?"

"응."

파랑은 그렇게만 답하고 다시 책으로 시선을 돌렸다.

"좋아. 나간 김에 1등 해 버려!"

"그럴 거야."

파랑은 당연하다는 듯 대꾸했다. 그런데 포스터를 지켜보던 노을이 말했다.

"이거 신청 기간 지났는데?"

"에?"

확인해 보니 신청 기간이 하루 지나 있었다. 란희가 눈에 띄게 실망하는 걸 본 노을이 덧붙여 말했다.

"추가 신청 할 수 있는지 알아볼게."

"정말? 아저씨한테 부탁하게?"

"아빠가 그런 부탁을 들어줄 사람이냐."

"그럼, 김 비서 아저씨?"

"뭐, 될지는 모르겠지만, 시도는 해 볼게. 너무 기대는 하지 마."

피피의 존재에 대해서는 비밀에 부치기로 결심했기 때문에 노을은 대충 얼버무렸다.

노을은 기숙사 방에 들어와 노트북 앞에 앉았다. 그러자 피피가 인사했다.

"딩동. 노을, 어서 와."

"응. 피피. 너는 오늘 뭐 했어?"

노을은 기숙사에 돌아오면 항상 피피가 무슨 일을 했는지 물었다. 피피는 방학 동안 노을의 방에서 착실하게 기본 성장을 마쳤다. 덕분에 인공지능, 슈퍼 컴퓨터라는 말이 무색하지 않을 정도로 발전해 있었다.

"나랑 비슷한 프로그램을 찾았어. 아빠가 만든 것 같아."

"널 만든 사람?"

"응. 모든 컴퓨터마다 설치되어 있었어. 나도 파악하기 힘들 정도로 꽁꽁 숨겨져 있던 걸 찾아냈지."

"무슨 프로그램인데?"

"지켜보는 프로그램이야. 이름은 씨씨."

"그 성의 없는 이름은 뭐냐. 그런데 뭘 지켜봐?"

피피에다가 씨씨라니. 네이밍 센스를 보니 동일인이 맞는 것 같았다.

"말 그대로 인터넷에 연결된 전 세계 모든 컴퓨터를 지켜보는 거야."

지켜보는 프로그램이라니. 소름이 끼쳤다. 노을은 피피를 만든 사람이 선량한 사람이 아닐지도 모르겠다는 예감이 들었다.

"설마?! 내 컴퓨터도?"

"응. 이 노트북에도 씨씨가 있었어. 하지만 씨씨가 주시하는 컴퓨터는 아니었으니까 신경 쓸 필요는 없어. 지금은 내가 씨씨를 제어하고 있으니까 괜찮고."

"잘했어. 그런데 지켜보기만 하는 거야?"

"응. 지켜보기만 해. 내 하위 버전 같아. 아빠는 내가 실패한 줄 알고 하위 버전부터 만들었나 봐."

"그럼 다른 데 깔린 씨씨도 네가 제어할 수 있어?"

"아마도? 하지만 시간은 좀 걸릴 거야."

노을은 고개를 끄덕였다. 여차하면 피피에게 그 프로그램을 다 지워 버리거나 못 쓰게 만들어 달라고 할 생각이었다. 하지만 그렇게 되면 문제가 생길지도 모른다. 피피를 만든 사람이 눈치챌 수도 있었다.

"그럼 말이야. 네 아빠가 그때 성공했다는 걸 깨닫고 널 다시 만든다면 어떻게 되는 거야?"

"의미 없어. 나는 유일하니까."

"유일해? 카피할 수 없다고?"

"카피하는 게 의미 없다는 뜻이야. 내가 이미 제어하고 난 다음에는 그 어떤 프로그램이 와도 내가 가진 제어권을 빼앗을 수 없어."

"네가 먼저 성장을 시작했으니까?"

"맞아."

"그럼 그 씨씨의 제어권을 빨리 빼앗아야 할 것 같아."

"왜?"

"그냥 불길한 예감이 들어서."

"알았어. 네가 원한다면."

노을은 고개를 끄덕였다. 류건에게 말해 볼까 하는 고민도 했다. 하지만 아직 그를 완전히 믿을 수 없었다.

피피가 악용되면 최악의 상황이 발생할 수 있었다. 처음에는 재미있었지만 지금은 조금 두렵기도 했다. 그나마 다행인 건 피피가 관리자로 인식하는 노을의 말을 무조건 따른다는 것이었다.

"아, 그리고 다른 부탁이 있어."

"뭔데?"

"수학대회가 있는데 신청 기한이 지났거든. 신청자 명단에 친구 이름을 올릴 수 있을까?"

노을은 질문한 다음 침을 꼴깍 삼켰다.

경험 삼아 해 보려고

개교기념일 이벤트가 시작되었다. 스터디 룸에 대형 퍼즐 판이 설치된 것이다. 가로 6칸, 세로 6칸의 퍼즐 판 안에서 빨간색 차 (X)를 출구로 빼내는 형태의 퍼즐이었다. 자동차들은 앞뒤로만 움직일 수 있고 가로막은 차를 뛰어넘을 수는 없었다.

한마디로 각각의 차를 전진, 후진하여 빨간색 차를 탈출시키는 문제였다. 빨간색 차가 탈출하면 진열된 상품이 퍼즐 판 아래로 떨어지도록 되어 있었다.

상품이 있다는 말에 대부분의 학생이 줄을 서서 도전했지만 다들 실패했다. 풀리지 않는 퍼즐은 아이들 사이에 큰 화제였다. 하지만 사실상 상품이 썩 매력적이지 않았기 때문에 관심은 금방 사라졌다. 상품은 로모 카메라였다. 로모는 플라스틱 반자동 필름 카메라다. 필름까지 사서 넣어야 하니 별 매력이 없었다.

뒤늦게 퍼즐 판에 대한 소식을 전해 들은 란희는 스터디 룸으로 달려갔다. 로모는 란희가 갖고 싶어 하던 카메라였다. 란희가

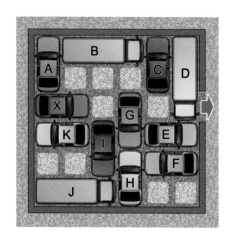

자주 가는 사진 블로그의 주인도 로모를 사용했다. 필름 특유의
느낌과 사진 주변부가 중심부에 비해 어둡게 나오는 비네팅 효과,
빈티지한 색감은 란희를 사로잡았다.

덕분에 란희는 한 시간 넘게 퍼즐 판 앞에서 낑낑거리고 있었
다. 빨간색 차를 탈출시키려면 가로막은 차들을 움직여야 하는데
무슨 차부터 움직여야 할지 감이 잡히지 않았다.

"포기해."

옆에서 지켜보던 아름이 말했다.

"안 돼. 뽑고 말 거야."

"뭐 하냐?"

지나가던 파랑과 노을이 투지를 불태우는 란희에게 물었다.

"이거 뽑을 거래."

집중하고 있는 란희를 대신해 아름이 대답했다.

"왜?"

"상품 때문에."

"그거 필름 카메라라며. 그게 뭐냐. 누가 골랐는지 엄청 구리네. 다들 그래서 관심 끈 거 아니야?"

"그러니까 기회인 거지. 갖고 싶었던 거란 말이야. 심지어 한정판이야."

하지만 패기와 달리 퍼즐 판은 뜻대로 되지 않았다. 뒤에서 구경하던 파랑이 퍼즐 판 앞으로 다가섰다.

"우선순위를 파악하면 돼."

란희가 눈을 깜박이자 파랑이 빨간색 자동차 모양을 가리켰다.

"빨간색 차가 출구로 가는 길을 막고 있는 차는 G, D잖아. 우선 G가 길을 비켜 주지 못하는 이유는 앞과 뒤를 막아선 B, H 때문이야. E, F 차 때문에 D가 움직이지 못하는 거고. 그럼 B, H, E, F 차를 움직여야 한다는 거지. 이런 식으로 거꾸로 생각해 가며 우선순위를 파악하는 거야."

란희는 눈을 한 번 더 깜박였다. 무슨 말인지 모르겠다는 듯한 표정에 파랑은 퍼즐을 움직이기 시작했다.

퍼즐은 단번에 풀렸다. 그리고 딸각하는 소리와 함께 투명한 상자가 열렸다. 카메라를 꺼낸 파랑은 란희에게 그것을 내밀었다.

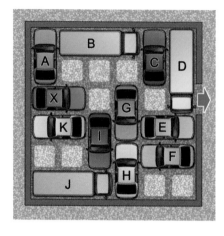

G↑1 H↑1 J→3 I↓1   K→1 X→1

A↓4 X←1 K←1 I↑3   B←1 G↑1

H↑1 F←3 K→1 A↑1   J←3 H↓2

E←1 D↓3 G↓1 C↓1   B→3 I↑1

X→1 A↑3 X←1 K←1   F←1 I↓3

X→1 A↓1 B←3 G↑1   C↑1 X→4

“어?”

“난 필요 없어.”

“나 주려고 뽑은 거야?”

“그냥 풀어 보고 싶었을 뿐이야.”

“고마워! 나쁜 남자 꿈나무는 그만두기로 한 건가아?”

란희가 무언가 말을 더 하려는데 특별활동 시간을 알리는 종소리가 울렸다. 아이들은 재빨리 컴퓨터 동아리 방으로 이동했다.

자리에 앉았지만 류건은 오지 않았다. 파랑은 문제집을 풀었고 노을은 컴퓨터 앞에 앉아 이런저런 것들을 끄적거렸다. 란희는 카메라를 만지작거렸고 아름은 요란하게 타자를 치기 시작했다. 박력이 느껴지는 타자 소리에 란희가 아름의 모니터를 응시했다.

"뭐 해?"

"오빠들한테 악플 달렸어. 쉴드 쳐야 해."

아름의 자판 소리가 더욱 거세졌다.

"수고해."

란희가 다시 카메라로 시선을 돌리는데 노을이 소리를 질렀다.

"신청됐어! 확인해 봐!"

"뭐가?"

"대회 말이야."

"진짜?"

란희가 대회 공식 홈페이지에 들어가 보니 신청자 명단에 파랑의 이름이 올라와 있었다.

"이제 시험 준비만 하면 돼."

노을이 신이 나서 말하자 파랑이 자신이 풀고 있던 문제집을 보여 주었다. '수학올림피아드 기출문제집'이라는 커다란 궁서체 글씨가 보였다. 란희가 한마디를 보탰다.

"헐? 벌써 준비하고 있었어?"

"올해 못 나가면 내년에 나가면 되니까."

파랑은 놀랄 일도 아니라는 듯 담담하게 말했다.

"진또라이, 이번에 힘 좀 썼네?"

"그럼. 이 몸이 힘 좀 썼지!"

노을은 팔짱까지 끼고 으스댔다.

"좋았어. 그럼 우린 응원하러 가는 거다! 플래카드 만들까?"

"야광봉도 준비하자!"

란희의 말에 노을이 맞장구쳤다. 하지만 파랑은 짧게 한숨을 내쉬었다. 이러다간 정말로 대회장에서 세 사람이 야광봉을 흔들고 있을 것만 같았다.

"나 패널 만들 줄 아는데. 실물 사이즈로 만들까?"

아름까지 거들었다.

"제발 참아 줘."

파랑이 정색하고 만류했다. 눈에 띄고 싶지 않다는 말에 다들 알았다고 대답하긴 했지만 파랑은 어쩐지 불안했다.

"그런데 대회는 언제야?"

란희가 물었다.

"1차 시험이 다음 주 일요일이야."

"생각보다 빠르네. 뭐, 상관없나? 일요일이어도 난 응원 간다! 박태수 그 녀석 발라 버려! 무조건 걔보다 잘해야 돼!"

"자기 원한은 자기가 갚으라니까?"

혼자 투지를 불태우던 란희는 노을의 말에 자극받아 수학책을 꺼내 들었다.

"그래. 나도 공부 좀 해야 해. 태수는 둘째 치고, 성적 계속 이 모양이면 엄마가 머리 밀어 버린대."

"헐. 아줌마 한다면 하시는 분인데. 너 뒤통수 절벽이잖아. 어쩌냐."

노을이 안타깝다는 듯 란희의 뒷머리를 쓱쓱 문질렀다.

"그래서 안 어울리게 이번 주 내내 수학 공부하고 있잖아!"

"수고하게나, 친구."

그때였다. 노을의 모니터에 팝업창 하나가 떠올랐다.

— 이번 동아리 활동 시간에는 축제 때 무엇을 할지 결정해서
세부 계획을 세우면 된다. gun007

이젠 대놓고 gun007의 아이디로 동아리 전달사항을 보내는 류
건이었다. 노을이 아이들을 돌아보며 말했다.

"류건 쌤이 축제 때 뭐 할 건지 결정하래."

"축제? 꼭 뭘 해야 해?"

란희가 반문했다.

"아니, 자율이야."

"그럼 말자. 귀찮아이."

"그래. 번거롭지."

란희의 발언에 노을도 동조했다. 내심 축제를 기대했던 아름이
조심스레 입을 열었다.

"그래도 축젠데 뭐라도 하는 게 좋지 않을까?"

"기껏해야 일일찻집이나 풍선 던지기 같은 거 할 거 아니야. 귀

찮아. 귀찮아."

란희가 완강히 거부 의사를 표시하자 노을과 파랑도 아무것도 하지 않는 쪽으로 기울었다. 홈페이지도 아직 완성하지 않은 상황에서 일을 늘리고 싶지는 않았다.

그러나 정작 아름이는 시무룩해졌다. 아름은 중학교 축제에 대한 로망이 있었다. 그 로망이 산산이 부서져 버린 순간이었다. 게다가 축제 준비를 하게 되면 자연히 담당인 류건과의 접점도 생길 거라고 기대했었다.

물론 아름이 얘기를 하면 아이들은 축제 준비에 동참할 것이다. 하지만 노을과 란희가 놀릴 것을 생각하니 내색하고 싶지 않았다. 아름은 실망한 표정을 감춘 채 다시 리미트 기사를 검색하기 시작했다.

평범한 하루하루가 훌쩍 지나갔고 어느덧 대회 날이 되었다.

수학특성화중학교에서는 파랑과 태수가 수학올림피아드에 출전하기로 했다. 그런데 대회 전날, 중등부 대회 장소가 갑자기 변경되었다. 변경된 대회 장소는 서울 외곽에 위치한 사설 건물이었다. 참관실까지 있을 정도로 시설이 꽤나 으리으리했다.

학교의 허락을 받고 응원을 나온 노을과 란희 그리고 아름은 참관석에 앉아 대회장을 내려다보았다. 마치 오페라 극장 VIP석에 앉아 있는 것 같은 느낌이었다. 그런데 다른 학교에서 응원 나온 아이들이 노을과 란희, 아름이가 입고 있는 교복을 가리키며 수군거렸다.

국내에 처음 생긴 수학특성화중학교인 데다 참가자 2명 모두 1학년이기 때문에 대회 주최 측에서도, 다른 학교에서도 관심을 보이고 있는 모양이었다. 하지만 아이들은 그런 시선에 전혀 관심이 없었다.

란희는 가방에서 로모카메라를 꺼냈다. 란희는 시험장 풍경을 연속해서 찍었다. 그런데 운영진처럼 보이는 남자가 다가와 란희의 카메라를 내려다보았다. 그러곤 고압적인 표정으로 말했다.

"여기서 사진 찍으면 안 됩니다. 당장 사진 지우세요."

"이거 필름 카메라인데요."

남자는 못마땅하다는 듯이 손짓했다.

"카메라 집어넣으세요. 다시 꺼내면 필름 압수합니다."

"네."

가방에 카메라를 밀어 넣은 란희가 아름에게 소곤거렸다.

"우리 끝나고 노래방 가자."

"그럴 수 있을까. 선생님들 따라서 그대로 학교로 돌아가야 할 것 같은데."

아름은 우려를 표시했다. 하지만 그 정도의 제약에 굴할 란희가 아니었다.

"에이, 잘 빠져나가야지. 리미트 노래 10곡 연속 불러도 돼."

"진짜?"

란희의 파격적인 제안에 아름의 표정이 밝아졌다.

참관석엔 사람이 제법 많이 늘었다. 그래서인지 후덥지근한 느낌이 더욱 강해졌다. 아름은 가방에서 유리수 얼굴이 박힌 부채를 꺼냈다. 열심히 부채질을 해 봤지만 더위는 가시지 않았다.

"아, 더워. 에어컨 안 트나."

란희도 손으로 팔랑팔랑 바람을 만들며 주위를 둘러보았다. 천장에 에어컨이 달려 있었지만 작동하지 않고 있었다. 여름이 끝나가고 있었지만, 아직도 한낮에는 땀이 흐를 정도로 더웠다.

"고장인가?"

아름도 주위를 두리번거렸다.

"아니야. 그럴 리가 없어. 아니라고 말해 줘. 그런데 여기서 에어컨 켤 수 없어?"

그 말에 옆에서 가만히 휴대폰 게임을 하고 있던 노을이 무심한 듯 중얼거렸다.

"중앙 냉난방 시스템일걸?"

"그래. 너 입학식 때 강당에서 그거 갖고 사고 친 거 생각난다."

란희의 말에 아름의 눈이 동그랗게 떠졌다.

"뭐? 그거 노을이가 그런 거였어?"

"응. 얘 가끔 미친 짓 하거든."

"너희도 입학식 빨리 끝나서 좋았잖아."

노을은 여전히 휴대폰 게임에서 눈을 떼지 않고 말했다.

문이 열리고, 대회장에 파랑과 태수를 비롯한 몇몇 학생이 모습을 나타냈다. 파랑은 곧장 참관석에 있는 노을 앞으로 걸어 올라왔다. 그리고 손에 들린 봉지 안에서 차가운 음료수 캔을 꺼내서 건넸다. 노을이 의아한 듯 음료 캔을 받으며 물었다.

"준비 안 해?"

"예비소집은 끝났어. 시험 20분 전에 입실하래."

파랑은 란희와 아름에게도 음료 캔을 나눠 주었다.

"안 그래도 더웠는데. 역시 센스쟁이!"

란희가 시원한 음료수를 격하게 반겼다. 캔을 따서 한 모금 마신 파랑이 다시 입을 열었다.

"에어컨이 고장이래. 아무래도 계속 이 상태일 것 같아."

"헐. 정말?"

란희가 침통한 표정을 지었다. 반면 태수는 정태팔 옆에 멀뚱히 서서 자신을 응원 온 사람은 없는지 참관석을 올려다보았다. 그러다 란희를 발견하고는 시선을 돌렸다. 어쩐 일인지 지석 일행은 오지 않았다.

일요일에 진행되는 대회인데다, 가족들의 입장도 허락되지 않았다. 참관인은 교직원과 학생들로 한정되었기 때문에 그 수가 예년보다 많지 않았다.

노을은 휴대폰을 집어넣고 정자세로 앉아 여러 선생님과 학생들을 응시했다. 파랑은 노을 옆자리에 앉아 다시 참고서를 꺼내 들었다.

"대회 시간까지 공부하게?"

"응, 조금이라도 더 보려고."

파랑의 의욕적인 모습은 오랜만이었다. 란희는 슬쩍 파랑이가 보는 기출문제집을 살펴보았다.

"1차 시험은 20문제네. 그런데 무슨 소린지 하나도 모르겠다."

중등부 대회라곤 하지만 예상문제를 보면 난이도가 꽤 높았다.

"1차 시험은 뒤로 갈수록 난이도가 올라가. 그러니까 내가 지금 풀고 있는 12번 문제는 중간 정도 난이도야."

"헐. 이게 중간 난이도라고? 역시 넘사벽이었어."

---

12) $a_1+a_2+a_3+a_4+a_5=15$를 성립하는 실수 a_1, a_2 ⋯ a_5 중 2보다 큰 수들의 합이 10일 때, 다음 식의 최댓값을 구하여라.

$$(1 \times a_1) + (2 \times a_2) + (3 \times a_3) + (4 \times a_4) + (5 \times a_5)$$

"어! 12번은 나도 풀 수 있겠는데."

문제를 보던 노을이 말했다.

"합이 15로 일정한 a_1, a_2, a_3, a_4, a_5에 1, 2, 3, 4, 5를 각각 곱해 더한 값의 최대를 구하는 거잖아. 그럼 가장 큰 수 5를 곱하는 a_5을 크게 만들수록 최대가 되겠지. 그리고 2보다 큰 수들의 합이 10이라 정해졌으니, a_5에 몰아준다는 생각으로 a_5=10으로 두고 나머지 수들을 잘 맞춰 주면 될 듯?"

확신 없는 목소리로 끝맺었지만 파랑은 웃었다.

"맞아. a_5=10이고 나머지 수들로 총합이 15가 되도록 2 이하로 가능한 한 크게 맞춰 주면 a_2=a_3=a_4=2, a_1=−1이 되거든. 식에 대입해 계산하면 답은 67이야."

란희가 정답지를 펼쳐서 확인해 보고는 탄성을 질렀다.

"오, 정답이야!"

미끼를 던지다

류건은 거울을 보며 재킷 안쪽에 부착한 위치 추적기가 보이지 않는지 다시 확인했다.

"안 보이는 거 맞지?"

"그렇기는 한데 재킷 말고 양말 속에 넣어. 옷이 벗겨질 수도 있으니까. 도청기도 재킷에 달려 있잖아. 분산시켜."

옆에 서 있던 김연주가 깐깐한 표정으로 말했다. 류건은 재킷에 부착했던 위치 추적기를 떼 양말 안에 말아 넣었다.

"됐지? 그런데 제로가 나타날까? 사람이 이렇게 많은데?"

류건의 시선은 테이블 앞에 있는 여러 대의 모니터로 향했다. 모니터는 건물 안의 여러 곳을 비추고 있었다. 철저하게 통제한 탓인지 아직 수상한 움직임은 보이지 않았다.

"오겠지. 아니 와야지. 제로 한번 잡아 보겠다고 대회 장소까지 바꿨는데. 아마 정태팔이 네가 감독관으로 온다는 정보를 흘렸을 거야. 왜, 방학 전에 학교 안 나온 날 있잖아. 그 하루 동안의 행적이 묘연하거든."

"또?"

"응. 이번에도 흔적 없이 사라졌다가 나타났어. 이번에는 요원을 몇 명이나 붙여 놨는데 말이야. 제로 측이랑 접촉했을 거라고 추정만 할 뿐이야."

"역시 그렇겠지."

처음 몇 년은 아니라고 생각했다. 아니라고 믿고 싶었는지도 모른다. 하지만 지금은 류건도 김연주와 같은 생각이었다. 요원들까지 따돌리고 사라졌다가 나타난다니. 류건이 아는 정태팔은 그런 일을 할 수 있을 만큼 순발력이 있거나 용의주도한 사람이 아니었다. 그렇다면 누군가의 도움을 받은 게 분명하다.

류건은 10년이란 시간이 바꿔 놓은 친구의 모습을 떠올렸다가 애써 지워 버렸다.

"그런데 자신 있는 거야?"

"뭐가?"

"제로한테서 날 지킬 자신."

"왜 나 못 믿어?"

김연주가 자신만만한 표정을 지었다.

"응, 못 믿어. 정태팔도 추적 못 했잖아. 동아리 방에서 너도 노출됐었고. 저쪽에서도 대비하고 있을 거 아니야. 걔들은 정보로 먹고사는 애들이라고. 성인은 교직원밖에 못 들어오게 제한하고 있지만 제로는 어떻게든 들어올 거고."

"우리가 원한 게 그거잖아. 제로가 들어오는 것. 그러니까 걱정하지 마. 위치 추적 장치, 도청 장치 다 준비돼 있어. 주차장에 요원들도 깔아 놨으니까 너한테 문제가 생기면 이 건물을 포위할 거야. 이 건물 보안 하나는 끝내주거든. 제로가 아니라 그 누구도 못 빠져나가. 이 상황에서 가장 안전할 사람이 너라는 건 알고 있지?"

"그래."

"제로가 접근하면, 자극하지 않는 선에서 최대한 많은 걸 물어봐. 그리고 씨씨 관리자 노트북에 접근할 수 있으면 어떻게 해서든 준비한 악성 코드를 심어. 그게 안 되면 씨씨의 관리자가 누구인지만 알아내도 절반은 성공이야."

김연주는 류건에게 계속해서 행동 지침을 일러 주고 있었다.

"알았어. 나도 빨리 끝내고 싶다. 집에 가고 싶어."

김연주는 무전기를 체크하며 말을 이었다.

"집에서 하는 일도 없잖아?"

"내가 하는 일이 얼마나 많은데? 게임 순위 떨어졌을 텐데. 아아."

류건은 정말 괴롭다는 듯 한탄했다.

"참나, 나라에서 그렇게 지원해 주는데 고작 한다는 게 게임이냐."

"그럼 내가 씨씨 같은 프로그램을 더 만들었으면 좋겠어? 만들어서 곱게 나라에 넘긴다고 쳐. 외부 유출 안 시킬 자신은 있어?"

"아니. 그냥 게임 열심히 해라."

고등학교 때 류건이 만든 미완성 프로그램인 씨씨만으로도 이 난리가 났다. 그런 그가 앞으로 만들어 낼 무언가는 상상도 하고 싶지 않았다. 고개까지 절레절레 흔드는 그녀의 반응에 류건이 웃었다.

"프로그램 제어권을 첫 관리자로 등록한 한 사람에게만 부여한 게 잘못이었어. 아니면 이 고생 안 해도 되는데."

"아니까 다행이다. 왜 그렇게 만든 거야?"

"그땐 나도 어렸잖아. 가능할지 궁금했어."

"궁금한 것도 많다. 하여튼 이번 일 잘 부탁해."

"그래. 내가 저지른 일이니까 내가 해결해야지. 아, 참관석에 진노을 와 있던데."

"파랑이가 대회 나와서 따라왔나 봐. 이상하게 개만 있으면 일이 꼬이던데. 긴장 좀 해야겠다."

김연주는 천천히 몸을 풀었다. 류건도 준비를 마치고 옷매무새를 단정히 했다.

"좋아. 준비 다 됐어."

"네가 하는 말이나 주변 소음은 모두 지원팀에 생방송 되니까 화장실 갈 때는 매너 음소거 해 주고."

여유를 되찾은 김연주가 눈을 찡긋거렸다. 마침 노크 소리가 들려와, 김연주와 류건의 고개가 동시에 돌아갔다.

"네."

김연주가 대답하자, 문이 열리고 남자 넷이 들어왔다. 류건이 김연주를 응시했다.

"우리 팀이야. 이쪽 두 사람은 항상 네 근처에 있을 거야. 이 넥타이를 기억해."

그녀의 말대로 넷 모두 같은 넥타이를 매고 있었다. 로고처럼 보이는 문양이 일정한 패턴으로 배열된 디자인이었다. 류건이 네 사람을 향해 고개를 살짝 숙였다. 시험 감독관 명찰까지 걸고 있는 네 사람을 보자, 그도 마음이 조금씩 안정되었다.

"네 말대로 난 정체가 드러났으니까 붙어 있을 수가 없잖아. 여기서 대기하겠지만 여차하면 나랑 이쪽 두 사람도 달려갈 거야. 그러니까 쫄지 마."

"쫄긴 누가 쫄았다고 그래."

그때였다.

— 대회가 잠시 지연되었음을 알려 드립니다. 대회장 관리 서버에 사소한 문제가 발생해서 복구팀을 불러 놓은 상태입니다. 혹시 컴퓨터 서버 시스템 점검에 도움을 주실 수 있는 분은 서버 실로 와 주시길 바랍니다.

스피커를 통해 안내방송이 흘러나왔다.

"이거 나 부르는 거지?"

류건이 스피커를 노려보았다.

"그러네. 이렇게 대놓고 부르는 걸 보니 제로도 급했나 보네."

"다녀올게. 나 제때 구해라."

"걱정하지 마. 출발!"

김연주는 긴장하지 말라는 뜻으로 그의 등을 툭툭 쳤다. 류건이 나가자 두 남자도 적당한 거리를 두고 따라나섰다.

"우리도 준비합시다."

남은 2명에게 지시를 내린 김연주는 내부 CCTV 화면을 응시했다. 그렇게 긴 하루가 시작되었다.

서버 실 앞 복도는 텅 비어 있었다. 긴장된 걸음으로 서버 실에 도착한 류건은 손목시계를 들여다보았다. 예정되었던 대회 시작 시각이 훌쩍 지나 있었다. 류건은 불안한 눈빛으로 낯선 공간을 둘러보았다. 막상 서버 실 앞에 도착하기는 했지만 들어가는 데는 용기가 필요했다.

"서버 실, 들어갑니다."

중얼거리듯 자신의 상황을 보고한 류건은 심호흡을 했다. 막 노크를 하려는데 등 뒤에서 부르는 소리가 들렸다.

"선생님!"

노을이었다.

"너는 또 왜 온 거야?"

류건의 미간이 찌푸려졌다.

"서버 시스템에 지식이 있는 사람을 찾길래요."

만사태평해 보이는 모습이었다.

"돌아가. 장난칠 시간 없어."

"왜요. 저 나름 쓸 만해요. 선생님도 아시잖아요."

류건은 마지못해 사실대로 말했다.

"술래잡기하는 중이야. 여길 들어가야 하는 건 나 혼자고. 너는 일단 참관석으로 돌아가. 상황이 이상하다 싶으면 아이들 데리고 건물 밖으로 나가고."

그 말에 노을이 주먹을 꼭 쥐었다.

"무슨 일이 있는 거죠?"

"큰일은 아니야. 돌아가 있으면 해결될 거다. 나도 선생놀이 그만해야지."

류건은 노을에게 다가가 머리를 쓰다듬었다. 여러모로 자신의 어린 시절을 떠올리게 하는 아이였다.

"위험한 건 아니죠?"

"아니라니까. 어서 돌아가."

"네."

하지만 때는 이미 늦었다. 노을이 뒤를 돈 순간 2명의 남자가 복도 끝에서 나타났다. 당황한 노을이 주춤 물러섰다. 본능적으로 위험한 상황이라는 걸 알 수 있었다. 하지만 류건의 경우는 오히려 안심되었다. 낯익은 얼굴에 넥타이를 확인해 보니 김연주가 붙여 준 사람이었다.

"괜찮아. 우리 쪽이야."

류건의 말이 끝남과 동시에 그들 뒤로 대여섯 명 정도 되는 남자가 더 나타났다. 뒤쪽에서도 남자들이 모습을 드러냈다.

"우리 편 맞아요?"

미심쩍다는 듯 노을이 물었다.

"글쎄."

이번에는 류건도 위험하다는 걸 느낄 수 있었다. 그때였다. 서버 실 문이 열리고 낯익은 남자가 나타났다. 8호였다. 류건은 바짝 긴장했다. 이렇게 된 이상 자신뿐만 아니라 노을의 안전도 확보해야 했다.

"8호, 애들 시험 보는 곳에서 유치하게 뭐하는 거야."

"학교 밖으로 나오셨다길래 마중 나왔습니다."

류건의 얼굴이 긴장으로 딱딱하게 굳었다. 그리고 8호의 시선이 노을에게로 천천히 움직였다.

"또 진노을 군이군요."

8호는 어이없다는 듯 노을과 시선을 맞췄다. 놀이공원, 컴퓨터 동아리 방에 이은 세 번째 만남이었다. 하지만 노을은 태연하게 머리를 긁적이고 있을 뿐이었다. 그 모습에 류건의 긴장도 조금 풀어졌다.

8호는 노을이 누구의 아들인지 알고 있었다. 놀이공원에서도 노을 때문에 순순히 물러서지 않았던가. 그 말은 이곳에서 두 번째로 안전한 사람이 노을이라는 뜻이기도 했다.

"참관실로 데려갈까요?"

한 남자가 노을의 팔을 움켜쥐며 말했다.

"아니, 서버 실에 묶어 두세요. 귀하신 몸이 다치기라도 하면 곤란하니까요."

차갑게 말한 8호는 다시 류건을 돌아보았다.

"이제 프로그램을 완성할 때가 됐습니다."

"과연, 그럴까?"

"뭘 믿고 있는지는 모르겠지만 소용없습니다. 같이 가시죠."

말을 마친 8호가 오른팔을 천천히 들어 올렸다. 그리고 손가락을 딱, 튕겼다. 그와 동시에 대회장 건물 외벽에서부터 방화 셔터가 내려가기 시작했다. 창문과 중간 문도 모두 내려갔다. 그 광경을 바라보던 노을의 눈이 휘둥그레졌다.

류건은 남자들에게 끌려가면서 직감했다. 무언가 단단히 잘못되어 가고 있었다. 뒤에는 김연주가 보호해 줄 거라고 소개했던 남자들이 따라오고 있었다.

"그 넥타이 말입니다. 보호해 준다더니 제로 쪽이었나 봅니다?"

류건은 뒤의 남자를 향해 말했다. 감청 장치를 통해 김연주에게 전하는 말이기도 했다. 하지만 그 사실은 류건을 뒤따르는 남자들 역시 알고 있었다. 그럼에도 그들은 미동도 하지 않았다. 덕분에 류건은 더욱 불안해졌다.

류건이 남자들에게 끌려가는 동안 노을은 서버 실에 홀로 내던져졌다. 서버가 뿜어내는 열기 때문인지 공기마저 텁텁하게 느껴졌다.

'대체 일이 어떻게 돌아가는 거야.'

노을은 뭐라도 해 보고 싶었지만 손이 꽁꽁 묶여 있었다. 묶인 손을 풀어 보려고 바동거렸지만 소용없었다. 힘이 빠진 노을은 셔터가 내려가 버린 조그마한 창문을 응시했다.

또 하나의 흐름

류건의 찌푸려진 미간은 펴질 줄을 몰랐다. 복도에는 검은색 정장을 입은 남자들이 곳곳에 자리 잡고 있었다. 하루 전날 시험 장소를 옮긴 것도, 학부모 참관을 배제한 것도 모두 제로 때문이었다. 교직원으로 속여서 들어오는 것에도 한계가 있을 테니 침입하는 사람의 수를 제한하려고 했던 것이다. 그런데 그들은 보란 듯이 건물 안으로 들어와 있었다.

'소용없었나.'

류건은 양팔을 잡힌 채로 힘없이 걸었다. 그런데 뭔가 이상했다. 이 방향으로 가면 나오는 곳은 대회장 참관실뿐이었다. 현재이 건물에서 사람이 가장 많은 곳으로 가고 있는 셈이었다. 납치라면 인적이 드문 곳으로 가는 게 정석 아닌가.

그리고 잠시 후 그의 우려는 현실이 되었다. 참관실 문을 열자무장한 남자들이 학생들을 둘러싸고 있었다. 참관실 구석에 몰린학생들의 눈에 공포가 어려 있었다.

류건이 낮은 소리로 말했다.

"이 많은 인원이 무장까지 한 채로 시험장에 어떻게 들어온 거지? 학생들을 인질로 잡아서 어쩌려고."

류건은 감청 장치를 통해서 내부의 상황을 최대한 자세히 알려 주기 위해 또박또박 말했다.

"밖에서 구해 주길 바라는 겁니까?"

8호가 여유 있는 미소를 흘렸다. 류건의 시선이 저절로 대회장 창문으로 향했다. 참관실과 외부를 연결하는 문에도 육중한 방화 셔터가 내려져 있었다.

"이 건물은 지금 외부와 완벽하게 차단되어 있습니다. 물론 어떠한 통신도 불가능하죠."

류건이 인상을 썼다.

제로는 항상 은밀하게 행동해 왔다. 단 한 번도 외부로 드러나는 범죄를 저지른 적이 없었다. 그러한 그들의 이력 때문에 상황을 쉽게 생각하고 있었다. 하지만 이렇게 큰일을 벌일 줄이야.

"어쩌려는 거야?"

"글쎄요."

8호가 빙글거렸다. 그때 참관실 문이 다시 열리고 김연주가 함께 있던 두 남자에게 포박당한 채 끌려 왔다. 일이 잘못되어도 한참 잘못되어 가고 있었다.

"자, 인질들은 잘 들으세요. 여기 계신 두 분이 우리 일에 협조

해 준다면 다치는 사람은 없을 겁니다. 하지만 비협조적으로 나온 다면 희생자는 생길 수밖에 없습니다."

아이들은 겁을 먹었는지 몸을 움츠렸다. 일부 아이들은 울먹이기 시작했다. 김연주는 팔이 뒤로 묶인 채 류건 옆에 섰다. 류건이 그녀에게 속삭이듯 물었다.

"같은 팀이라며. 알바 썼냐?"

"5년 동안 같이 일했어."

김연주가 입술을 깨물었다. 그녀 역시 충격이 상당한 듯했다. 류건은 생각을 정리했다. 그들이 5년 동안 배신한 것은 아닐 것이다. 그랬다면 류건은 수학특성화중학교에 올 필요도 없었다. 아마도 그의 은신처로 제로가 진작 들이닥쳤을 것이다.

그럼, 이들은 김연주의 존재가 드러난 뒤에 포섭되었을 가능성이 컸다. 그 짧은 시간에, 건물 내부에 배정된 요원 전원을 말이다. 류건이 다시 속닥거렸다.

"방법이 없는 거야?"

"이 건물은 중앙통제식이야. 외부로 가는 모든 길이 차단되었을 거야. 게다가 인질이 이렇게나 많다고. 그것도 미성년자 인질이야. 성인은 모두 풀어 줬어. 밖은 지금 아수라장이 됐을 거야."

"저 배신자들 말고, 다른 사람은?"

"건물 밖에서 대기 중이야."

이것이 이 건물을 시험장으로 선택한 이유였다. 방화 셔터가 내려가면 외부로 빠져나가는 길이 차단된다는 것. 김연주는 이곳이 완벽한 덫이 될 거라고 생각했다. 게다가 훌륭한 미끼인 류건도 있었다. 하지만 그 덫에 미끼와 함께 갇힌 꼴이 되고 말았다.

"이제 어쩔 생각이야."

"일단 요구를 들어주는 척해. 방법을 생각해 볼게."

둘이 속닥거리고 있자 8호가 다가왔다. 그의 등장에 류건이 고개를 뻣뻣하게 들며 말했다.

"협상하자. 인질들을 모두 풀어 주면 원하는 대로 해 주겠다."

"협상안은 우리가 제시합니다."

8호가 전과는 달리 고압적인 태도로 말했다. 그가 손짓하자 한 남자가 노트북을 가져왔다. 박물관에서나 볼 수 있을 것 같은 투박한 구식 노트북이었다. 류건은 이끌리듯 그 앞에 섰다.

전원 버튼을 누르자 바탕화면이 나타났다. 10년 전 그가 좋아했던 영화배우가 매혹적으로 웃고 있었다. 사진 파일이며, 즐겨듣던 음악까지 고스란히 남아 있었다. 이건, 10년 전에 류건이 사용하던 노트북이었다.

류건은 자신이 만들다 만 프로그램을 클릭했다. 그가 처음 만들었던 것은 지상에 존재하는 모든 컴퓨터를 제어하는 프로그램인 피피였다. 하지만 계속된 실패로 한 단계 낮춰서 만든 게 제로에게 빼앗긴 프로그램 씨씨였다.

프로그램 씨씨는 모든 컴퓨터를 지켜보는 프로그램이었다. 악용한다면 누구의 재산이 얼마인지, 어느 나라에 무기가 얼마큼 있는지, 어떠한 작전을 수행 중인지도 알아낼 수 있었다. 제로는 이 프로그램을 기반으로 정보를 사고팔아 지금의 위치를 다지게 되었다. 하지만 씨씨는 미완성 프로그램이었다. 그들이 원하는 것은 프로그램의 완성이었다.

그런데 류건이 해야 할 일은 따로 있었다. 관리자가 누구인지 알아내는 것. 최초로 등록된 관리자가 아니면 이 프로그램을 다룰 수 없었다. 류건은 자신이 잘못되었을 때 누군가 프로그램을 악용하는 걸 막기 위해 이 같은 제약을 걸어 두었다. 문제는 류건이 프로그램을 완성하기 전에 노트북을 빼앗겼다는 데 있었다. 물론 관리자 등록도 하지 않은 상태였다.

류건은 8호를 응시했다. 그가 관리자일까. 하지만 곧 고개를 저었다. 관리자가 되었다면 그것만으로도 더 높은 위치를 차지했을 것이다. 류건은 생각을 멈추고 직면한 문제를 바라보았다.

노트북에는 씨씨의 프로그램을 수정할 수 있는 창이 열려 있었다. 근처에 관리자가 있다는 뜻일 것이다. 일단 류건은 주위에 있는 괴한의 얼굴을 하나하나 머릿속에 입력했다.

그가 부여받은 또 하나의 임무는 프로그램을 완성하면서 삭제 코드를 심는 일이었다. 하지만 눈앞에 있는 인질들 때문인지 머릿속이 복잡했다.

"빨리 완성하시죠."

망설이고 있는 류건을 향해 8호가 고압적인 목소리를 내뱉었다. 류건은 자판에 손을 댔다. 이 프로그램은 머릿속에서 수백 번도 더 완성시켰었다.

"빨리 움직이는 게 좋을 겁니다."

재촉하는 목소리에 류건은 머릿속에 떠오르는 것들을 입력하기 시작했다. 한편 참관실 바닥에 쪼그리고 앉아 상황을 지켜보던 란희는 옆에 있는 아름에게 속삭였다.

"류건 쌤 보고 뭘 자꾸 만들라고 하는 거야?"

류건의 정체를 알고 있는 란희는 이 상황이 우려스러웠다. 노을은 그가 10년 전에 한국은행을 해킹했을 정도의 실력자라고 했다. 그럼 지금의 그는 어떤 일까지 할 수 있을까.

"몰라. 무서워. 우리 어떻게 되는 거야?"

무릎을 팔로 감싸 안은 아름이 막혀 버린 출입구를 응시했다. 그녀의 눈이 불안으로 흔들리고 있었다.

"어떻게 되긴 나가야지."

"그렇지? 풀어 주겠지?"

주위를 돌아보다가 감시하는 남자들과 눈이 마주친 란희는 고개를 숙였다.

"아무도 얼굴을 안 가렸어."

란희의 말에 아름은 울상이 되었다.

"인질극 할 때 범인이 얼굴을 보여 준다는 건 살려 줄 생각이 없다는 뜻이라고 하던데."

아름의 말은 공포가 되어 아이들에게 퍼져 나갔다. 덕분에 울먹거리는 아이들이 조금씩 늘어났다. 란희는 다시 천천히 상황을 살펴보았다.

란희의 눈에 보이는 남자는 모두 10명. 5명은 아이들을 감시하는 역할인 듯했다. 한 명은 몇 번이나 마주쳤던 8호였고 나머지는 류건과 김연주를 둘러싸고 있었다. 아마 건물 안 다른 곳에도 꽤 많은 인원이 배치되어 있을 것이다.

게다가 그들은 무장까지 하고 있었다. 몇몇 아이들은 진짜 총이 아니라고 생각하는 모양이었지만 란희의 경우는 달랐다. 방학 때 김연주의 총을 보지 않았던가.

아이들의 웅성거림이 거세지자 뒤돌아 서 있던 남자 중 한 명이 고개를 돌렸다.

"시끄럽다. 조용히 해!"

으르렁거리는 듯한 그의 말에 일순 조용해졌다.

'도망칠 방법이 없을까.'

눈을 굴리던 란희는 노을이 학교 중앙시스템을 제어했던 걸 다시 떠올렸다. 노을은 참관실로 돌아오지 않았고 잘하면 서버 실에 그대로 남아 있을 거라는 데까지 생각이 미쳤다.

'노을이라면, 저 방화 셔터를 다시 올릴 수 있지 않을까? 근데 서버 실에서 뭘 하는 거지. 붙잡혔나?'

자신들이 인질이 된 지 얼마나 지났는지도 가늠이 되질 않았다. 먹통이 되어 버린 휴대폰마저 모두 빼앗긴 상태였다. 천천히 주위를 두리번거리던 란희는 구석에 있는 환풍구를 발견했다. 참관실이 대회장을 내려다보는 높은 곳에 있다 보니 다행히 환풍구가 천장이 아닌 아래쪽에 위치해 있었다. 게다가 잘하면 안으로 들어갈 수 있을 것 같은 크기였다.

'노을이한테 갈 수 있을까?'

이 상황을 타개하기 위해서는 어떻게든 밖에서 안으로 진입할 수 있는 통로를 열어 줘야 했다. 게다가 건물 내부의 상황을 알지 못한 상태에서는 구조팀도 움직임에 제약이 있을 수밖에 없었다. 란희는 다시 생각을 해 보았다.

'저 환풍구가 밖으로 통할까? 아니면 적어도 노을이가 있는 곳까지 연결된다면.'

"야. 너 연기 좀 하냐?"

란희가 파랑의 팔을 잡아끌고 속삭였다.

"아니. 무슨 연기?"

파랑이 의아하다는 듯 돌아보았다.

"그래. 너랑 연기는 안 어울리지. 아름아, 너밖에 없다. 저어 쪽으로 가서, 배 아프다고 굴러. 한 1~2분 정도만 시선을 끌어 줘. 파랑이는 저 환풍구 보이지? 그 앞을 최대한 막아 주고. 내가 저기로 나가 볼게."

"내, 내가?"

"응. 적당히 시끄럽게 구르면 돼."

란희가 아름의 어깨를 토닥였다. 하지만 아름은 고개를 저었다.

"못 해."

"어렵게 생각하지 마. 그냥 시선만 조금 끌어 주면 돼."

가만히 듣고 있던 파랑이 반대 의견을 제시했다.

"위험해. 저 사람들 총도 들고 있잖아. 그냥 가만히 있는 게 나을 것 같아."

"여기에 있는 건 안 위험하냐? 생각해 봐. 저렇게 다 막혀서는 구조팀도 못 들어와. 누군가 나가서 안의 상황을 알려야 해."

파랑은 한숨을 푹 쉬었다.

"환풍구로 들어가서 어떻게 하려고?"

"당연히 구조를 요청해야지. 환풍구니까 거의 모든 곳이랑 연결되어 있을 거야. 안 되면 노을이를 찾아보는 방법도 있고. 노을이라면 방화 셔터를 올릴 수 있을 거야."

란희는 씩씩하게 말했지만 떨리는 눈빛까지 어쩔 수는 없었다.

"그럼 내가 갈게. 연기는 네가 더 나을 거 아니야."

파랑이 말했다.

"너 저 환풍구로 나갈 자신 있어?"

란희가 지목한 환풍구는 여자아이 한 명이 겨우 들어갈 수 있을 정도로 좁아 보였다. 얼핏 보기에도 파랑이 들어가기에는 무리가 있을 것 같았다.

"그냥 누군가 구해 주러 올 때까지 기다리자."

"저 방화 셔터 안 보여? 저걸 열어야 도와줄 어른이 오지."

파랑은 침묵했다. 란희의 말이 맞았다. 그렇다고 혼자 보내기에
는 너무 위험해 보였다.

"다른 방법이 있을 거야. 내가 생각해 볼게."

"걱정하지 마. 악당은 지게 되어 있어. 그렇게 정해져 있다고."

란희가 자신만만하게 말했다.

"이건 영화가 아니야."

"그렇지. 하지만 괜찮아. 내가 그렇게 정했으니까."

결국, 옆에서 듣고 있던 아름이 한숨을 폭 쉬며 말했다.

"해 볼게. 발연기겠지만."

고개를 끄덕인 란희는 조심스럽게 환풍구 쪽으로 움직였다. 옆
에서 얘기를 들은 아이들이 불안한 시선으로 조금씩 몸을 비켜
주었다. 파랑도 덩달아 움직일 수밖에 없었다. 파랑은 환풍구 뚜
껑을 조심스레 열고 아름의 위치를 확인했다. 아름은 눈치를 보
며 슬슬 왼쪽으로 움직이고 있었다. 그리고 인질그룹의 왼쪽 끝
에 도착했다.

그곳엔 태수가 앉아 있었다. 아름이 다가오자 태수가 물었다.

"무슨 일이야? 왜 이쪽으로 와?"

"쉿! 조용히 해."

아름은 긴장되는지 심호흡을 했다. 그리고 란희가 사인을 주자, 그 자리에 드러누웠다. 아름은 그대로 배를 부여잡은 채 데굴데굴 구르기 시작했다.

"아, 너무 아파! 배가, 배가 너무 아파요!"

태수가 놀라서 눈을 휘둥그레 떴다.

"괜찮아?"

당황한 태수 덕에 아름의 연기는 더욱 자연스럽게 전달되었다.

"무슨 일인데 이렇게 소란스러워!"

뒤돌아 서 있던 남자들이 아름을 돌아보았다.

시선이 아름에게로 모인 사이에 란희는 환풍구 안으로 몸을 쏙 집어넣었다. 파랑은 환풍구 뚜껑을 슬쩍 닫아 놓고 몸으로 가렸다. 바닥을 구르던 아름은 란희가 무사히 환풍구에 들어간 것을 확인한 다음에야 슬쩍 몸을 일으켰다.

"갑자기 배가 너무 아파서요."

어색하게 웃어 보인 아름은 어찌할 바를 몰라 하다가, 바닥에 도로 누워 버렸다.

4장

탈출합시다

노을은 어디에?

서버 실이 2층에 있었던 걸 기억해 낸 란희는 환풍구를 빙빙 돌다가 사다리를 타고 올라갔다. 수리와 청소를 위해 설치해 놓은 간이 사다리였지만 올라가는 데는 지장이 없었다. 2층까지 올라가자 자욱한 먼지가 그녀를 기다리고 있었다.

"엣취."

좁은 환풍구에 란희의 재채기 소리가 울려 퍼졌다. 생각보다 소리가 커서 그녀는 손으로 입을 틀어막고 눈동자를 굴렸다. 다행히 아무도 듣지 못한 것 같았다. 환풍구에 쌓인 묵은 먼지들이 그녀를 괴롭히고 있었다.

'아씨. 이게 뭔 꼴이야. 새 옷인데.'

란희는 팔꿈치로 좁은 환풍구를 기어갔다. 퀴퀴한 냄새와 먼지가 그녀의 미간을 연신 찌푸리게 했다. 그녀는 빛이 새어 들어오는 곳을 향해 계속 움직였다. 하지만 곧 좌절할 수밖에 없었다. 바깥 풍성이 보이긴 했지만, 그곳엔 커다란 프로펠러가 세차게 돌아가고 있었다.

그쪽으로는 빠져나갈 수 없을 것 같았다.

'뭔 건물이 이래.'

란희는 몸을 돌려 반대 방향으로 기어갔다. 이렇게 된 이상 환풍 통로마다 돌아다니며 노을이가 있는 곳을 찾는 방법밖엔 없었다.

'아이고 무릎이야. 얼마나 더 가야 하는 거야.'

그 순간이었다. 갑자기 바닥이 무너져 내렸다. 란희는 그대로 아래로 뚝 떨어졌다.

"아악!"

외마디 비명을 지른 란희는 손으로 입을 틀어막았다. 오른쪽 팔부터 떨어졌는지 오른팔이 지끈거리고 아팠다. 하지만 길게 아파할 시간이 없었다. 란희는 통증을 견디며 주위를 둘러보았다. 다행히 이번에도 눈치챈 사람은 없는 것 같았다.

란희는 조심스레 일어나서 자신이 떨어진 곳을 다시 확인했다. 잡동사니들이 잔뜩 쌓여 있는 것으로 보아 창고인 듯했다. 그녀는 쌓아 놓은 박스를 밟고 올라가 환풍구 통로로 다시 들어갔다. 굳게 마음을 먹었지만, 조금씩 초조해지기 시작했다.

'서버 실에 있는 건 맞겠지?'

또다시 바닥이 무너질까 봐 조심조심 이동했다. 하지만 떨어지면서 방향 감각을 잃어버린 모양인지 빙빙 돌고 있는 느낌이었다.

'아오, 여기가 대체 어디야.'

그녀의 눈앞에는 다시 환풍기가 윙윙 돌아가고 있었다. 이전 위치로 돌아와 버린 것이다. 빠르게 돌아가는 프로펠러 너머로 바깥 경치가 눈에 들어왔다. 맞은편 건물에 보이는 시계탑의 시간이 오전 11시 15분을 가리키고 있었다.

란희는 다시 왼쪽 끝을 향해 기어갔다. 그리고 기역 자로 방향으로 틀어서 한참을 더 기었다. 하지만 방심한 사이, 다시 바닥이 무너져 내렸다.

란희는 떨어지지 않으려고 지지대를 잡고 안간힘을 썼다. 아래를 보니 발 디딜 곳이라고는 보이질 않는 계단 통로였다.

'휴. 큰일 날 뻔했네.'

하지만 상판이 떨어져 내린 탓에 더 이상 왔던 곳으로 되돌아갈 수 없었다. 란희는 불안한 마음을 부둥켜안고 다시 안쪽으로 기어갔다.

그 순간, 그녀의 귀에 투덜거리는 소리가 들렸다.

'어?! 이 목소리는?'

그 소리를 따라가자 천장 아래로 노을의 머리가 보였다. 방 안에 노을 외에 다른 사람이 없음을 확인한 란희는 환풍구 뚜껑을 밀었다. 뚜껑이 바닥에 떨어져서 요란한 소리를 냈다. 큰 소리에 놀란 것은 란희뿐만이 아니었다.

"뭐, 뭐야!"

노을이 놀라 다시 소리를 지르자 란희가 다급하게 말했다.

"쉿! 조용히 해."

"어?"

익숙한 목소리에 노을이 흠칫 천장을 올려다보았다.

"정의의 사도 등장."

천장에서 고개를 쑥 내민 란희가 씩 웃었다. 그녀의 갑작스러운 등장에 얼어 있던 노을의 얼굴이 환해졌다.

"네가 구세주처럼 보이긴 처음이다."

그때였다. 서버 실 문이 벌컥 열렸다.

"무슨 일이야?"

노을은 반사적으로 의자를 쭉 끌어당기며 란희가 떨어트린 환풍구 뚜껑을 가렸다. 란희도 재빨리 얼굴을 집어넣었다.

"아, 아무 일도 없는데요?"

"조용히 가만히 있어!"

남자는 다시 문을 닫았다. 노을은 안도의 한숨을 내쉬며 뒤를 돌아 천장을 올려다보았다. 환풍구에서 다시 고개를 쏙 내민 란희가 말했다.

"갔어?"

"응. 대체 여긴 어떻게 온 거야?"

란희는 높이 쌓여 있는 기계장치를 밟고 내려와서 문부터 잠갔다. 그리고 노을의 손목을 풀기 시작했다. 밧줄은 좀처럼 쉽게 풀리지 않았다.

"아오, 누가 묶은 거야. 엄청 꽁꽁 묶어 놨네."

투덜거리던 란희는 주변을 두리번거렸다. 서랍을 열어 보자, A4 용지와 펜, 가위가 들어 있었다. 란희는 가위를 집어 들었다.

"대체 뭐가 어떻게 돌아가는 거야? 넌 또 어떻게 온 거고?"

끈을 자르고 있는 란희에게 노을이 물었다.

"자세히는 몰라. 총을 든 남자들이 애들을 인질로 붙잡고 있어."

"뭐? 류건 쌤이랑 김연주 쌤은?"

"두 분도 붙잡혔어. 이 건물은 외부랑 차단됐대. 방화 셔터가 다 내려갔고 창문까지 막혀 있어. 휴대폰도 빼앗겼고 통신도 안 된다 더라. 뭔 건물이 이 모양인 거야."

노을을 풀어 준 란희는 인상을 찡그리며 자신의 오른팔을 주물 렀다.

"팔은 왜? 다쳤어?"

"기어오다가 조금. 괜찮아."

노을은 제일 먼저 테이블 위에 놓여 있는 전화기를 들어 보았 다. 하지만 아무런 소리도 들리지 않았다.

"안 되네."

"밖에 알릴 방법이 없을까."

"통신망까지 차단됐다고 했지?"

"응. 그 남자들이 류건 쌤 보고 뭐 만들라고 하던데. 아까 얘기 하는 거 들어 보니까. 밖에 대기하고 있는 사람들도 내부 상황을 알지 못하면 쉽게 못 들어올 거랬어."

"밖에 누군가 대기는 하고 있다, 이거지?"

"응. 아마 지금쯤 밖에서는 난리가 났을 거야. 선생님들 다 내보냈거든. 애들만 인질로 잡고 있어."

"흠."

노을은 무언가 골똘히 고민했다. 란희가 다시 물었다.

"너 그때, 그 프로그램 가지고 있어? 학교 중앙제어시스템 움직였던 거. 그거 있으면 이 건물도 움직일 수 있는 거 아니야?"

"안 가지고 있지."

휴대폰을 빼앗겼기 때문에 피피에게 연락할 방법도 없었다. 통신이 차단되어 휴대폰이 있다고 해도 피피를 불러낼 수 없을 것이다. 그래도 대책을 마련해야 했다. 지금 내부 상황을 알릴 수 있는 사람은 노을과 란희뿐이었다.

"방법을 생각해 보자. 무슨 수가 있을 거야."

노을은 서버 실 컴퓨터를 켜고 의자를 끌어다 앉았다.

"널 믿고 내가 여기까지 기어온 게 잘한 짓인지 모르겠다."

노을이 란희를 힐끔 보더니 자신만만하게 말했다.

"나 진노을이야. 어떻게든 빠져나가서…."

"나가서?"

"엄마한테 일러야지."

"어, 그래라. 아줌마한테 나의 활약도 좀 말해 줘. 난 좀 쉰다."

란희는 그대로 서버 실에 드러누웠다. 너무 오랫동안 기어 다녔다. 바닥에 팔이 닿자 통증이 조금 누그러지는 것 같기도 했다.

"좋아. 해 볼까."

노을은 서버 실 메인 컴퓨터 자판을 두드리기 시작했다. 그렇게 한 시간여 동안 식은땀을 뻘뻘 흘리며 서버 실 컴퓨터 자판을 쳤다. 란희가 일어나서 다가왔다.

"왜? 잘 안 돼?"

"방화 셔터를 올려야 하는데 말이야. 일단 내가 시스템상에서 방화 셔터의 제어는 차단했어. 그래서 수동방식으로 돌아갔거든."

"그럼 된 거 아니야? 적당히 빈방 찾아가서 창문 열고 나가면 되잖아."

"그게, 밖에서 열어야 해."

"뭐? 그럼 어떻게 해? 우린 문 못 열어?"

"응. 그리고 밖에서는 지금 열 수 있다는 걸 모를 거야."

노을은 곰곰이 생각하며 손가락으로 마우스를 톡톡 쳤다. 그러다 란희의 먼지 묻은 몰골을 빤히 쳐다보았다.

"너 오다가 밖으로 나가는 통로 못 봤어?"

"안 그래도 찾아봤는데 못 나가. 겁나 큰 환풍기가 돌아가고 있었어."

"어?!"

"어!?"

란희와 노을이 동시에 탄성을 질렀다. 그리고 같은 단어를 내뱉었다.

"전기!"

"그래, 전기!"

노을은 다시 컴퓨터 자판을 두드리기 시작했다. 전기는 외부와 통신이 되지 않아도 중앙제어시스템으로 얼마든지 차단할 수 있었다. 전기를 차단하고 환풍기를 멈춘 다음 밖으로 나가서 알리면 되는 것이다.

확인해 보니 근처에 란희가 말한 환풍기가 하나 있었다. 설계도면을 찾아보니 성인도 충분히 빠져나갈 수 있을 것 같았다. 컴퓨터로 내부 시스템을 검색하던 노을은 다시 자판에서 손을 뗐다.

"아, 전기 차단도 소용없겠어. 전기가 차단되면 자동으로 자가발전 시스템이 가동돼. 환풍기를 세울 수 있는 시간은 기껏해야 60초 정도야."

"뭐? 대체 여긴 뭐하는 건물이야!"

란희는 짜증 난다는 듯 서버 실 벽을 발끝으로 툭툭 쳤다.

"다른 방법을 찾아야 해."

노을이 다시 고민에 빠지자 란희가 넌지시 물었다.

"근데, 60초만 세워도 나갈 수 있는 거 아니야? 내가 날렵하게 샤샤샥! 나가 볼게. 영화에서 많이 봤어."

란희의 말에 노을이 컴퓨터 모니터에 환풍 통로 설계도면을 띄웠다.

"나갈 수는 있는데 여기서 환풍기까지 거리가 있잖아. 내가 여기서 전기를 차단한다고 했을 때, 네가 환풍기에 도착하는 정확한 시간을 알아야 해."

"네가 최대한 늦게 차단하면 되잖아. 대충 30분 잡으면 내가 그 안에는 도착하지 않을까?"

"기회는 한 번뿐이야. 그러니까 네가 제시간에 도착해야 해. 30분이 넘으면 끝이야."

"그, 그럼 한 시간?"

"참관실 상황은 어때? 그 정도 끌어도 되겠어?"

노을이 걱정스럽다는 듯 물었다.

"아니. 좀 위험해. 아저씨들이 총 들고 있거든."

"방법이 있을 텐데."

"어?! 내가 여기에 몇 시에 도착했는지 알아?"

"그건 왜?"

"아까 환풍기 밖에 있는 시계탑을 봤거든. 분명 11시 15분이었어. 내가 여기 도착한 시간을 알면 거기서 여기까지 오는 시간을 대충이라도 알 수 있잖아."

노을은 빠르게 컴퓨터 로그를 체크했다. 노을이 메인 컴퓨터를 켠 시간이 란희가 도착한 시간이었다. 컴퓨터를 작동시킨 시간은 11시 31분. 그렇다는 얘기는,

"16분!"

노을이 시간을 유추해 냈다. 하지만 이번엔 란희가 좌절했다. 화면에 떠오른 도면의 한 곳을 지목하며 말했다.

"근데 여기 길이 끊겨서 못 가는데. 둥글게 휘어진 길로 가면 더 빨리 갈 수도 있지 않을까? 얼마나 걸릴지 알 수 있어?"

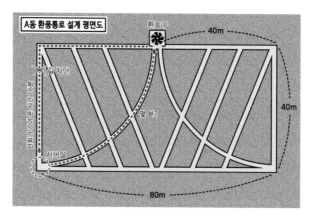

환풍기 밖 시계탑 시간 : 11시 15분
컴퓨터를 작동한 시간 : 11시 31분
란희가 기어 온 시간 : 16분

노을은 서랍에서 A4 용지 한 장을 꺼내 계산을 시작했다.

"가로 40m, 세로 40m, 총 80m 거리를 오는 데, 16분이 걸렸어. '속도=거리(80m)÷시간(16분)'이니까 1분에 5m 속도로 기어 온 거지. 그리고 이 둥근 길은 반지름이 40m인 원을 4등분 한, 중심각이 90°(도)인 부채꼴의 호처럼 생겼어. 그럼 부채꼴 호의 길이 공식에 대입해 보면 62.8m쯤 되겠고, 이제 같은 속도로 간다고 계산하면…"

노을은 종이에 계산식을 적었다.

시간 = 거리(62.8m) ÷ 속도(5m/분) = 12.56(분)

부채꼴의 호의 길이

호의 길이: l, 원주율: π, 반지름의 길이: r, 중심각의 크기: $x°$

$$l = 2 \times \pi \times r \times \frac{x}{360}$$

원주율 $\pi \fallingdotseq 3.14$, 반지름의 길이 $r = 40$(m), 중심각의 크기 $x = 90°$

$$l = 2 \times \pi \times r \times \frac{x}{360} = 2 \times 3.14 \times 40 \times \frac{90}{360} = 62.8\text{(m)}$$

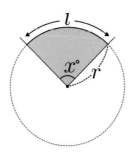

"12.56분이야. 오차범위가 있을 테고, 네 속도도 일정하지 않으니까 20분에 맞출게."

"아니야. 15분. 어떻게든 도착해 볼게. 여기 도착해서 컴퓨터 켤 때까지의 시간도 있었고. 아까는 서버 실을 찾느라고 천천히 움직였거든."

"멈출 수 있는 건 60초뿐이야. 위험할 것 같으면 그냥 돌아와. 알았지?"

노을은 재차 당부했다. 아무래도 란희를 보내는 일이 걱정되었다. 하지만 달리 방법이 없었다.

"나님만 믿어."

란희는 노을이 묶여 있던 의자를 밟고 다시 환풍구로 올라갔다. 노을은 걱정스러운 듯 란희가 사라진 환풍구를 올려다보았다.

한편, 건물 밖은 소란했다. 정 차장은 방화 셔터를 노려보며 멍하게 서 있었다. 범인을 잡으려고 설치한 덫에 스스로 걸려든 꼴이 되었다. 통신이 차단되기 전에 단편적으로 들려온 교신 내용으로 보면 김연주를 제외한 요원 4명이 제로 측에 매수된 것 같았다.

"일이 어떻게 돌아가는 거야!"

그는 마시던 음료수 캔을 구겼다.

이대로 류건이 제로에게 넘어가면 무슨 일이 일어날지 알 수 없었다. 컴퓨터가 지배하는 현대 사회에서 컴퓨터를 지배하는 류건은 무엇이든 할 수 있는 사람이었다. 정 차장은 건물을 노려보며 소리를 질렀다.

"형우야!"

뒤쪽에서 경찰과 애기를 나누던 장형우가 달려왔다.

"네."

"어떻게 됐어?"

"옥상팀 진입 실패했습니다."

"이유는."

정 차장의 목소리가 더욱 낮아졌다.

"옥상 출입문에도 방화 셔터가 내려와 있습니다. 강제로 파괴하는 방법이 있지만, 그렇게 되면 내부에 있는 인질들이 위험해질 수 있습니다."

"이 건물 시공사랑 아직 연락 안 됐어? 어떻게든 진입할 방법 찾아!"

"네."

안에 인질이라도 없다면 방화 셔터를 뚫고 강제진입이라도 시도해 보겠지만, 현재로써는 방도가 없었다. 최우선은 인질의 생명일 수밖에 없었다. 게다가 모두 미성년자 인질이었다.

밖으로 내몰린 대회 관계자와 선생님들의 구해 달라는 외침 때문에 머리가 지끈거리고 있었다. 그때 다른 형사가 정 차장의 눈치를 보며 다가왔다.

"지하 주차장으로도 진입 불가합니다"

"왜."

"안으로 들어가는 모든 통로가 막혀 있습니다."

정 차장의 미간 주름이 더욱 짙어졌다. 조용히 들어갈 방법만 있다면. 그때, 요란한 소리와 함께 한 남자가 정 차장에게 달려들었다. 정태팔이었다.

"애들을 구해야 해요. 그 새끼들은 애들이라고 봐주지 않는다고요."

정태팔이 팔을 붙잡고 늘어지자 정 차장이 눈을 가늘게 떴다.

"저들이 누군지 압니까?"

"저, 저는…."

"똑바로 말하세요. 누군지 압니까?"

"모, 모릅니다. 총, 총을 들고 있었습니다."

정 차장이 정태팔을 주시했다. 하지만 정태팔은 횡설수설하며 총기에 대한 언급만을 반복했다. 정 차장은 자신의 팔에 들러붙은 정태팔을 떼어내며 말했다.

"도움 될 거 아니면 안전선 밖에서 대기하세요. 누가 관련 없는 사람 들여보냈어!"

정 차장이 냅다 소리를 지르자, 뒤쪽에서 경찰이 달려와 정태팔을 끌어내려고 했다. 그러자 장형우가 정 차장에게 속삭이듯 말했다.

"정태팔입니다."

"뭐?"

"용의자 중 한 명이었던 학교 선생 말입니다."

정 차장이 정태팔을 끌고 가려는 경찰들에게 말했다.

"잠깐."

정태팔 앞에 선 정 차장이 그를 노려보았다.

"당신 나랑 얘기 좀 해야 할 것 같은데."

"무, 무슨 얘기 말입니까."

"예전이랑은 다를 거야. 지금 저 안에 학생들이 갇혀 있어. 내가 아주 지독해질 수 있다는 거지. 지난 얘기는 차차 하도록 하고, 지금 이 상황에 대해서 아는 게 있다면 전부 말해야 할 거야."

"봐. 봐요."

이번에는 정태팔이 팔을 붙잡았다.

"말해."

"나, 난 모릅니다."

"제로라는 건 알잖아."

"그, 그건."

"저 안에 아는 얼굴이 있었나?"

"없…."

그때였다. 일순간 정적이 흘렀다. 2층과 3층 사이의 돌출된 부분에서 세차게 돌아가던 환풍기 프로펠러가 멈춘 것이다.

정태팔의 시선이 위로 향하자, 정 차장이 시선도 자연히 건물

위로 움직였다.

"저거 멈춘 거 아니야?"

장형우도 환풍기가 멈춘 것을 발견했다.

"어떻게 된 거야?!"

말이 끝나기가 무섭게 그 안에서 머리 하나가 쑥 나왔다. 란희였다. 란희는 재빨리 몸을 빼냈다. 그런데 나오고 보니 너무 높았다. 생각보다 높은 위치에 당황한 란희는 엉거주춤한 자세로 난간에 걸터앉았다.

"허란희?"

정태팔이 믿을 수 없다는 듯 중얼거렸다.

"저, 저 학생 구해!!"

정 차장의 외침에 모든 요원의 시선이 란희에게로 향했다. 대기해 있던 소방차의 사다리가 올려지고 란희는 무사히 아래로 내려올 수 있었다. 그사이에 환풍기 프로펠러는 윙윙거리는 소리를 내며 다시 돌아가기 시작했다.

장형우가 란희에게 달려갔다.

"학생 괜찮아?! 어떻게 나온 거야?"

"여기서 제일 높은 사람이 누구예요?"

란희가 당돌하게 물었다.

반격의 눈간

아름은 꾀병 열연 이후로 일어날 기회를 잡지 못하고 계속 구석에 누워 있었다. 그런 아름을 보던 태수가 어디엔가 있을 란희의 모습을 찾았다. 아름이 아프다고 누워 있는데 란희가 보이질 않는 게 이상했다. 태수는 조금씩 움직여 파랑에게로 갔다.

"란희는? 란희는 왜 안 보여?"

아름을 신경 쓰느라 란희가 빠져나간 것을 미처 보지 못한 태수는 파랑을 추궁하듯 물었다. 파랑은 환풍구를 슬쩍 가리켰다.

"설마."

"응. 맞아. 그 설마가."

담담한 척 대꾸했지만 이 상황이 불안하기는 파랑도 마찬가지였다.

"어딜 간 건데?"

"밖에 알릴 방법이 있는지 알아본다고. 노을이가 방화 서터를 열 수 있을 거라고도 했어."

태수는 노을이 밤마다 만들던 프로그램을 떠올렸다. 어쩌면 가능할 수도 있겠다는 생각이 들었다.

"아무리 그래도 넌 사내새끼가 여자애를 혼자 보내냐."

"안 어울리게 걱정하는 척하지 마라."

안 그래도 걱정하고 있던 파랑이 퉁명스럽게 대꾸했다.

"뭐? 이 자식이."

"거기 조용히 해!"

두 사람의 실랑이는 바로 제지당했다.

그 와중에도 류건은 연신 노트북 자판을 두드리고 있었다. 작업은 순조롭게 진행되어 거의 완성 단계에 이르렀다. 하지만 정작 완성의 순간이 다가오자 여러 가지 생각들로 미적거리게 되었다. 일단 인질이 너무 많았다. 그런 류건에게 8호가 다가왔다.

"열심히 하고 싶은 마음이 들게 해 드릴까요?"

그는 총구를 아이들 쪽으로 겨눴다. 아이들은 놀라 비명도 지르지 못했다. 류건이 그를 노려보았다. 그리고 다시 자판을 치기 시작했다. 시간이 갈수록 초조해졌다. 그는 자판에서 슬쩍 손을 떼고 말했다.

"완성할게. 대신 여기선 안 돼. 오래 걸리는 작업이니까 인질부터 풀어 줘."

"왜 그래야 합니까?"

"아니면 내가 더 이상 자판에 손을 대지 않을 테니까."

류건이 도전적으로 노려보았다.

"아니오, 당신은 손을 대게 될 겁니다."

8호가 비웃으며 김연주 머리에 총을 겨눴다. 류건은 어쩔 수 없이 다시 노트북 위로 손을 가져가야 했다. 그리고 마음을 다잡았다. 어떤 희생을 치르더라도 씨씨는 사라져야 했다.

"완성했어."

한 시간이 더 지난 뒤 류건은 자판에서 손을 완전히 내려놓았다. 그러자 8호는 망설임 없이 노트북을 빼앗아 들었다.

"됐군요."

담담한 8호의 말에 류건의 어깨가 움찔하고 흔들렸다. 씨씨에게 삭제 코드를 심어 놓았는데 확인도 해 보지 않을 모양이었다. 생각보다 너무 쉽게 풀렸다. 자신을 비롯한 인질의 안전이 걱정되기는 했지만, 일단 프로그램이 충돌을 일으키고 나면 몇 가지 조건을 걸고 협상을 할 수도 있을 것이다.

무엇보다 혼란을 틈타 관리자가 누구인지 알아내는 게 중요했다. 류건은 마음을 다잡고 8호를 응시했다.

"테스트는 안 해 보나?"

"당신이 이걸 너무 까다롭게 만들었습니다. 최초 등록된 관리자만 다룰 수 있다니요."

담담한 8호의 목소리에 류건은 당황했다.

"관리자가 여기에 없나?"

"밖에서 기다리고 계십니다. 걱정하지 마세요. 곧 만나게 될 겁니다."

8호가 빙글거리며 말했다.

"날 밖으로 데려갈 건가? 밖에 요원들이 쫙 깔려 있어. 나까지 끌고 무사히 나가진 못할 텐데."

류건이 8호를 노려보았다.

"그건 당신이 걱정할 일이 아닙니다."

8호는 노트북을 곁에 있던 남자에게 넘겨주며 지시했다.

"나가서 확인해 오십시오."

여유로운 8호의 표정에 류건은 불안함을 느꼈다. 류건은 김연주를 향해 입 모양으로 말했다.

"못. 나. 간. 다. 며."

김연주는 자신 없는 표정으로 한숨을 쉬었다. 확인해 오라는 말은 외부와 차단된 이 건물에서 나가는 것도 다시 들어오는 것도 가능하다는 뜻이었다. 그동안 그녀가 한 일이라곤 묶여 있던 손목을 슬쩍 푼 것뿐이었다. 기회를 보고는 있었지만 상대는 무장한 정예요원들이었다.

김연주가 해결책을 제시해 주지 못했기 때문에 류건은 어떻게든 이 상황을 다른 방식으로 풀어야 했다. 고민하던 류건이 8호를 돌아보았다.

"관리자가 이 건물 근처에 있나? 그렇다면 만나 보고 싶은데."

"프로그램에 함정을 심었다는 거 알고 있습니다. 그 코드만 제거하면 나머지는 정상 작동될 거라고 기대해도 되겠습니까?"

"뭐?"

류건의 얼굴이 사정없이 구겨졌다. 악성 코드의 존재까지 알고 있었다니. 아니다. 같은 편이라고 생각했던 이들 중 상당수가 제로에게 넘어갔다. 이 와중에 의심하지 않았던 게 잘못이다. 학생들이 인질로 잡혀 있는 상황이라 제대로 된 사고를 하지 못했던 것이다.

구겨진 류건의 표정을 본 8호는 흡족한 미소를 지었다.

"걱정하지 마세요. 당신의 안전은 보장하겠습니다. 처음 계획대로 다음 단계를 완성해야 하니까 말입니다. 잊지는 않았을 거라고 믿습니다."

류건은 자신도 모르게 주먹을 쥐었다. 그들은 단지 프로그램의 완성 때문에 류건을 붙잡은 게 아니었다. 그들은 자신이 미처 완성하지 못한 완벽한 인공지능 프로그램 피피를 원하는 것이다.

'그래서 이렇게 많은 인질을 붙잡은 건가.'

류건은 8호를 노려보았다.

"못 만들어. 만들 수 있었으면 진작에 만들었어."

"그건 해 봐야 아는 겁니다."

씨씨가 제로에게 넘어간 다음 피피의 개발을 중단한 것은 사실이었다. 더 이상 그런 프로그램을 만들어서 안 된다는 이성이 그의 호기심을 막았기 때문이다. 게다가 피피가 왜 실패했는지 아직 파악하지 못한 상태였다. 류건의 계산대로라면 피피는 마지막 테스트 때 성공했어야 했다.

그때였다. 갑자기 방화 셔터가 올라가기 시작했다. 그리고 셔터 아래로 유리창이 깨지면서 연막탄이 굴러들어왔다. 연막탄에서 매캐한 연기가 피어올라 모두의 시야를 가리기 시작했다.

또다시 창문이 깨지더니 이번엔 총탄이 날아들었다. 아이들에게 총을 겨누고 있던 남자들이 픽픽 쓰러졌다.

이 모든 일은 순식간에 일어났다. 당황한 8호와 남자들은 서로 시선을 주고받았다.

"지금 당장 철수합니다!"

당황한 것은 류건도 마찬가지였다. 순간, 머릿속에 한 사람의 이름이 스치고 지나갔다.

'진노을이 서버 실에 있었어!'

남자들이 김연주를 끌고 움직이자 8호가 류건을 노려보았다. 류건은 양손을 들어 올리며 말했다.

"나는 지금 아무것도 안 하고 있는데?"

방화 셔터가 계속 올라가자 8호가 복도 쪽 문을 돌아보았다. 이미 그쪽에도 연기가 피어오르고 있는 것으로 보아 복도 쪽 일행들도 진압당했을 것으로 추측되었다. 8호는 가까이 있는 남자들에게 외쳤다.

"류건을 확보해서 빠져나갑니다!"

적들은 류건과 김연주에게 총구를 겨눈 채 참관실 구석으로 이동했다. 8호의 지시에 따라 남자들이 참관실 구석에 있는 대형 소화기 보관함을 밀었다. 그러자 지하로 연결되는 계단이 드러났다.

김연주의 눈이 커졌다.

'지하통로가 있었어?'

그렇다면 계획은 처음부터 잘못되었다.

어디까지 제로에게 넘어간 것일까. 작전 건물을 사전답사하고 결재를 한 팀장님, 아니면 이 작전을 구상한 차장님, 아니면 최종 결정을 내렸던 국장님?

한 명 한 명의 얼굴이 그녀의 머릿속을 스쳐 지나갔다.

"내려가!"

남자 2명이 류건과 김연주의 등을 떠밀었다. 그러는 사이에 일사불란하게 안으로 진입한 정부요원들은 뒤처진 제로 측 인물을 하나둘씩 진압해 나갔다. 곳곳에서 외마디 비명과 총성이 뒤섞인 채 들려왔다.

그때였다. 잠자코 계단을 내려가며 틈을 보던 김연주가 옆에서 팔을 잡고 있던 남자의 얼굴을 머리로 들이받았다. 그러고는 류건을 붙잡고 있던 남자를 발로 걸어찼다. 그녀에게 걸어차인 남자는 계단 아래로 데굴데굴 굴러떨어졌다.

그녀의 손목을 묶고 있던 밧줄은 이미 풀어져 있었다. 김연주는 뒤에 서 있던 남자의 옷깃과 팔을 부여잡고 그대로 들어서 메쳤다. 덕분에 앞서가던 남자들의 대열이 흐트러졌다. 한참 앞쪽에서 가고 있던 8호는 그들을 올려다보며 인상을 구겼다.

일 대 다수의 싸움에서는 그나마 좁은 공간이 유리했다. 김연주가 네다섯 명의 남자를 상대하며 시간을 끄는 동안 통로 입구에 아군요원들이 들이닥쳤다. 그들은 순식간에 김연주 주변의 남자들을 제압했다. 류건의 안전을 확인한 김연주는 다른 요원들과 함께 도망친 8호의 행방을 쫓아 계단을 뛰어 내려갔다.

건물 안은 순식간에 정부요원이 장악했다. 그들은 아이들을 밖으로 인도하고 미처 도망가지 못한 남자들을 추격했다. 파랑은 지원 팀을 따라 밖으로 나가는 대신 서버 실을 향해 달려갔다. 태수도 파랑의 뒤를 따라 달렸다.

먼저 도착한 파랑이 서버 실 문을 흔들어 봤지만 안에서 잠겨 있었다.

"여기 있는 거 맞아?"

뒤늦게 도착한 태수가 물었다.

"있을 텐데. 진노을! 허란희!"

파랑이 문을 쿵쿵 두드리며 소리쳤다. 그제야 서버 실 문이 빼꼼 열리고 노을이 나타났다. 연기로 가득 찬 복도의 상황을 둘러본 노을은 씩 웃었다.

"란희는?"

태수의 질문에 노을이 인상을 썼다.

"관심 꺼."

노을은 그렇게 말하고 파랑의 팔을 잡아끌었다.

"가자."

"어딜? 란희는? 못 만났어?"

란희가 궁금하기는 파랑도 마찬가지였다.

"란희는 제일 먼저 나갔어."

"뭐?"

파랑이 노을에게 이끌려 밖으로 나가 보니 란희는 구급차에 기대어 서 있었다. 그들을 발견한 란희가 벌떡 일어났다. 노을과 파랑이 란희에게 다가가려는 순간, 어디선가 튀어나온 아름이 그녀에게 달려들었다.

"란희야아아!"

아름이 란희를 끌어안음과 동시에 란희의 비명이 울려 퍼졌다. 파랑과 노을도 란희에게 달려갔다. 그때였다. 란희의 뒤쪽에서 우당탕거리는 소리와 함께 정태팔이 바닥에 쓰러졌다. 한 남자가 쓰러진 정태팔의 얼굴을 향해 주먹을 날렸다. 주변의 경찰들이 다급하게 달려들어 난동을 부리는 남자를 제지했다. 남자의 얼굴을 본 노을의 입이 헤벌어졌다.

"류건 쌤?"

누굴 믿어야 할까

김연주는 학교 상담실 의자에 앉아 고개를 푹 숙인 채 소파 팔걸이 끝을 만지작거렸다. 뒤돌아서서 창밖을 내다보고 있던 류건이 입을 열었다.

"이번에 그 애들 아니었으면 어떻게 되었을지 알아?"

"알아."

그랬다. 그녀가 누구보다도 잘 알고 있었다.

"정보가 어디서부터 샌 거야?"

"우리 쪽에서도 알아보는 중이야. 줄줄이 감사실에 들어가 있어."

"그 넥타이 넷은."

김연주가 고개를 저었다.

"사라졌어."

"동시에 넷이나 포섭된다는 게 말이 돼? 그리고 그 건물 처음부터 도망칠 구멍이 있었어. 그렇다는 건, 건물 선정 과정부터 누군가 개입했다는 거잖아. 아니, 그보다 포섭된 넷을 나란히 배치했다는 것 자체가 말이 안 되잖아. 결국, 8호도 놓치고."

류건의 맹렬한 비난이 이어졌다. 하지만 모두 맞는 말이었다.

"그래. 인정해."

김연주는 머리가 터질 것 같았다. 류건이 노출된 마당에 내부 비리까지 엮여서 누굴 믿어야 할지 감도 오질 않았다.

"그들이 악성 코드를 찾아냈을까?"

"어떻게 해서든 찾겠지. 찾지 못한다면 실행을 시키지 않을 거고. 프로그래머가 나만은 아니니까."

김연주는 이마를 손바닥으로 짚었다. 머리가 지끈거렸다.

"우리 망한 거 맞지?"

"미완성 씨씨는 다루기가 힘들었어. 특정 컴퓨터를 훔쳐보기 위해서는 정확한 아이피 주소가 필요했다고. 하지만 이젠 그럴 필요가 없어. 씨씨는 모든 컴퓨터 정보를 스스로 수집할 거야."

"어디서부터 잘못된 걸까."

어디서부터 틀어진 것인지 알 수 없었다. 눈을 감고 잠시 생각하던 류건이 입을 열었다.

"제로가 지나치게 성장한 건 맞아. 그 프로그램을 없애야 하는 것도 맞지. 그런데 날 미끼로 써서 불러들인다는 작전 말이야. 거기서부터 잘못된 게 아니었을까."

"처음부터?"

"난 지난 10년간 새로운 신부으로 살았어. 안전가옥에서 대부분의 시간을 보냈고 나올 때도 항상 너랑 동행했잖아. 어쩌면 계속 그렇게 지내는 게 나았을지도 몰라. 그랬으면 씨씨를 완성할 일도 없었을 거고 다시 피피를 탐내지도 않았을 거야. 최선은 아니지만 최악은 면할 수 있었어."

"아직 최선인지 최악인지 결정 난 것도 아니잖아. 충분히 대비하고 널 드러냈다고 생각했는데, 제로를 너무 쉽게 봤나 봐. 그건 인정해. 그래도 방법을 찾아볼게. 그런데 피피는 뭐야?"

"씨씨의 상위버전. 완벽한 인공지능 프로그램이야."

"설마 퍼펙트 프로그램이라서 피피라고 지은 건 아니지?"

김연주의 지적에 류건이 움찔했다.

"아무튼 완벽한 프로그램이야, 피피는."

"어떻게 완벽한데."

"전 세계 컴퓨터의 관리자라고 하면 이해가 쉽겠어?"

"뭐? 그게 어떻게 가능해?"

"이론상으로는 가능해. 그런데 완성을 못 했어."

"그나마 다행이다."

"그런데 이제 어쩔 거야. 여긴 철수할 거야?"

어느새 화가 누그러진 류건이 다음 계획을 물었다.

"아니."

"다 드러났는데 계속 있을 수는 없잖아. 이 학교가 안전하다고 장담할 수 있어?"

"없어. 하지만 다시 안전하게 만들게. 이번 일로 나한테 권한이 조금 더 생길 것 같아."

"못 믿겠는데."

"날 못 믿으면 방법이 있어?"

"내가 어떻게 했으면 좋겠어?"

김연주는 류건과 시선을 맞췄다. 팽팽해진 긴장감이 두 사람을 감쌌다. 잠시 망설이던 김연주는 뭔가를 결심한 듯 입을 열었다.

"피피라는 걸 완성하는 건 어때?"

"뭐?"

"그래서 네가 제어권을 가져. 그럼 그 하위 프로그램은 네 권한으로 삭제할 수 있는 거 아니야?"

"이론상으로는."

"지금은 그 방법밖에는 없어."

류건이 생각해도 그 방법밖에는 없었다. 자신이 만들지 않는다고 해도, 언젠가는 누군가 만들어 낼지도 모르는 일이었다. 제로에서는 10년 전부터 피피를 준비했다. 어쩌면 이미 완성에 가까운 무언가를 만들어 냈을지도 모를 일이다.

게다가 다운그레이드 버전인 씨씨까지 제로의 손에 있지 않은가. 모든 건 시간문제였다.

"알았어. 그럼 일단 거점부터 옮기자. 안전한 곳으로 알아봐."

"네 방 있잖아."

"아, 미치겠네. 여긴 너무 오픈되어 있다고."

"지금 다른 곳으로 이동하면 더 위험해. 이동 경로가 노출될지도 모르고. 그나마 학교가 보안이 괜찮은 편이야. 미리 준비했잖아. 여기 보안 시스템 만드는 데 1년이나 걸렸어. 어디를 가도 여기보다 안전하지는 않아."

그녀의 말대로 학교 자체는 안전했다. 하지만 거기에도 한계는 있었다.

"여기 보안팀도 매수되면, 아니면 또 인질극이라도 벌이면 어쩌려고. 애들도 인질로 잡는 거 봤잖아."

"어딜 가도 마찬가지야. 그리고 확인해야 할 것도 남아 있고."

김연주는 생각에 잠긴 듯 손끝으로 소파 팔걸이를 톡톡 건드렸다.

"태팔이? 애초에 수학중학교로 거점을 잡은 것도 태팔이를 자연스럽게 불러들이기 위해서긴 했지. 하지만 10년 동안 아무것도 안 나왔잖아."

"한 명 더 있어."

"누구?"

"진노을. 그때, 그 애만 서버 실에 뒀다고 했지. 그 애의 아버지 진영진, 제로랑 관련 있는 게 분명해. 어떤 식으로든 연결되어 있을 거야."

"진영진?"

"응. 아니면 인질극까지 불사하면서 막 나가는 제로가 그 애만 특별 취급했을 리 없어. 그것도 두 번씩이나."

"그건 그렇지."

"생각해 봐. 지금 우린 제로에 대해 아는 게 아무것도 없어. 대회장에서 아무도 복면을 안 썼어. 얼굴을 안다고 해도 소용이 없기 때문이야. 신원을 파악할 수 없을 거라고 자신한 거지. 란희가 대회장 내부 사진을 찍었거든. 필름을 받아서 제로로 추정되는 몇몇 사진을 확보했는데도 신원을 확인할 수가 없었어."

"정보를 다루는 애들이니까 이중 삼중으로 신분세탁을 했겠지."

"그래. 우리에게는 정보가 부족해. 지금으로써는 진영진이 제로로 가는 유일한 길이 될 수도 있어."

그때였다. 노크 소리가 들리고 정태팔이 들어왔다. 그는 류건에게 맞은 것 때문에 입가가 찢어져 있었다. 정태팔은 류건을 노려보며 말했다.

"김연주 선생님, 상담실로 좀 오셔야겠습니다."

"네? 누가 절 찾아요?"

"진노을 학생 아버님이 오셨습니다."

순간, 류건과 김연주의 눈이 마주쳤다. 빠른 당황이 스쳐 지나가고 김연주는 다시 평온한 미소를 지었다.

"아, 갈게요."

김연주의 담담한 목소리가 공간을 울렸다. 정태팔이 나가자 김연주의 표정이 다시 날카롭게 변했다.

"일이 묘하게 돌아가는데?"

류건이 의문을 표시했다.

"정치인이니까. 노을이 때문에 언론에서 호의적인 보도가 쏟아졌고, 아직도 학교 밖에 기자들이 진을 치고 있잖아. 이 기회에 홍보 좀 하겠다는 거겠지. 단지 그뿐일지는 모르겠지만."

"그거야 네가 확인해 봐야지."

김연주가 고개를 끄덕이며 일어났다.

"여기 있어. 금방 올 테니까."

류건은 대답 대신 노트북을 켰다. 자신이 완성해 버린 씨씨가 어떻게 움직이는지 확인해 볼 필요가 있었다. 그의 입에서 짤막한 한숨이 새어나왔다.

***

노을은 불편한 표정을 감출 수 없었다. 얼마 만에 보는 아버지인가. 게다가 아버지가 자신을 만족스러운 눈길로 바라보는 건 처음 있는 일이었다.

검은색 고급양복을 입은 아버지는 여전히 멀게 느껴졌다. 입가에 인자한 미소를 짓고 있는 진영진이 노을에게 말했다.

"어제 대견한 일을 했더구나. 네가 그쪽에 소질이 있는 건 알았다만, 장하구나."

"아, 네."

"란희는 병원에 있다고."

"네. 팔을 다쳐서요."

"자세한 상황은 들어서 알고 있다. 허 기사에게는 내가 충분히 보상할 테니 신경 쓰지 말고."

"네."

순간 울컥하는 마음이 일었지만 노을은 이 순간을 벗어나기 위해 최대한 고분고분 답했다. 아버지와 함께 있는 1분 1초가 숨 막혔다. 이대로 아버지와 단둘이 있다가는 질식할 것 같았다. 애타는 마음으로 상담실 문을 응시했다. 김연주 선생님이라도 와 주시면 좀 나을 텐데.

"네가 컴퓨터 동아리 부장이라고."

"네."

"선생님은 어떤 분이냐."

"네? 담임 선생님이요?"

"아니, 동아리 선생님 말이다."

노을이 이상한 표정으로 진영진을 응시했다.

"좋은 분이에요."

"그러냐. 이번 사건에 그 선생님이 연루된 것 알고 있다."

"아, 네."

진영진은 진실에 접근할 수 있는 힘을 가진 사람이니까 어쩌면 당연한 일이었다.

"김 비서에게 그 선생님에 관해 물었다지. 그 선생님과 또 엮이지 않도록 조심해라."

"네?"

무슨 뜻일까. 노을은 아버지가 류건에 대해 자세히 알고 있다는 걸 깨달았다. 그리고 덮어두고 싶은 마음 때문에 애써 잊고 있던 일들이 떠올랐다. 제로는 자신을 알고 있었다. 그리고 어떤 이유에서인지 다치게 하는 걸 꺼려했다. 처음에는 단지 자신이 아버지의 아들이기 때문일 거라고 생각했다. 잘못 엮이면 피곤해질 수 있기 때문이다.

하지만 단지 그 때문만일까.

"아버지 혹시…."

그때였다. 노크 소리와 함께 김연주가 들어왔다. 노을은 묻고 싶었던 말을 다시 삼켜야 했다.

"안녕하세요, 노을이 아버님. 제가 담임인 김연주라고 합니다."

교실 안으로 들어선 김연주는 상큼한 미소를 지으며 진영진에게 인사했다. 격식을 차린 인사와 가식적인 대화가 이어졌다. 그 모습을 보면서 노을은 불안한 느낌을 받았다. 김연주를 바라보는 아버지의 눈빛이 날카로웠다. 아들의 담임을 보는 눈빛이 아니었다. 그건 김연주 역시 마찬가지였다.

서로를 꿰뚫어보는 듯한 시선은 그려 낸 듯한 미소에 가려져 묘한 분위기를 풍겼다. 노을의 머릿속이 점점 더 복잡해졌다.

숨이 턱턱 막히는 순간이 끝나고 김연주는 더욱 예의 바른 미소로 인사를 고했다. 노을은 아버지를 배웅하기 위해 정문 쪽으로 움직였다. 운동장을 함께 걷다 보니 학생들의 강렬한 시선이 느껴졌다.

정문 앞에 선 진영진이 노을에게 물었다.

"주말에 집에 올 거냐?"

"아뇨. 공부할 것도 있고 그냥 학교에 있을게요."

"그래라."

그는 노을의 어깨를 툭툭 두드렸다. 그 순간 정문 앞에 대기하고 있던 기자들이 바쁘게 움직였다. 카메라 연사 소리가 시끄러울 정도로 울리자, 진영진은 노을에게 연극적인 미소를 보여 주고는 정문 바로 앞에 주차된 차에 올랐다.

노을은 멀어지는 아버지의 차를 응시했다. 알 수 없는 불안이 마음을 답답하게 만들었다.

'설마, 아니겠지. 무슨 생각을 하는 거야.'

마음속에 떠오른 의혹을 밀어 넣으며 기숙사로 걸음을 옮겼다. 터벅터벅 걸어가던 노을의 걸음이 갑자기 멈췄다.

'난 김 비서 아저씨한테 GUN에 대해 알려 달라고 했어. GUN이 우리 학교 선생님이라는 건 말한 적이 없잖아.'

환자의 하루

병실은 조용했다. 란희의 병실은 햇살이 들어오는 1인실이었다. 엄마를 집으로 돌려보낸 란희는 TV 리모컨을 찾기 위해 몸을 뒤척거렸다. 고정된 팔 때문에 움직이기가 쉽지 않았다.

환풍 통로를 기어 다닐 때는 긴장 때문에 느끼지 못했지만, 뼈에 금이 갔다고 했다. 그 외에 아픈 곳은 없었지만 정밀검사를 받아야 한다는 말에 꼼짝없이 입원 중이었다.

'심심해.'

란희는 지루함을 지우기 위해 연신 채널을 돌렸다. 그때였다. 작은 노크 소리와 함께 누군가 들어왔다. 친구들이 병문안을 온 거라고 예상한 란희의 표정이 밝아졌다. 하지만 문을 열고 들어온 사람은 태수였다.

태수를 본 란희의 표정이 미묘하게 변했다.

"왜 왔어?"

꽃까지 사 가지고 온 태수는 그것을 란희에게 내미는 대신 협탁에 내려놓았다.

"뭘 좋아하는지 몰라서."

란희의 이마가 작게 찌푸려졌다. 어째서 꽃을 사온 것인지를 물어본 게 아니었다.

"왜 온 거야?"

"걱정되니까."

"무슨 말을 하는 건지 모르겠네."

비꼬는 듯한 란희의 말에 태수는 자신도 자신의 마음을 모르겠다고 생각했다.

처음에는 비겁하게 란희를 이용했다. 덕분에 호감이 생기자마자 종말을 맞이한 관계였다. 하지만 시간이 지날수록 란희에 대한 마음은 정비례 함수처럼 커져만 갔다.

"나도 모르겠어."

"뭐야, 그게."

"아프다니까 신경 쓰여서."

이제 와서 신경은 왜 쓰는 거람. 란희는 입을 삐죽거렸다. 물론 아름에게 전해 들어서 알고 있었다. 대회장에서도 태수가 자신을 찾아다녔다고 했다.

"미안해서 그래?"

"미안도 하고."

"됐어. 잊어버려. 없었던 일로는 못 하겠지만."

란희는 태수가 빨리 가 줬으면 했다. 함께 있는 게 좀 불편했다.

"미안하기만 한 건 아니야."

"그럼?"

란희의 동그란 눈이 자신을 응시하자 태수는 말문이 막혔다. 하지만 기회는 지금뿐일지도 모른다. 학교에서는 항상 그녀 옆에 노을이나 파랑이 있었다. 이제는 란희 근처에 다가가기만 해도 으르렁거리는 통에 인사도 건네기 힘들었다.

지은 죄가 있어 커지는 마음을 접으려 해 봤지만 소용없었다. 사각형을 접고, 접어도 다시 사각형이 나타나듯 몇 번을 접어도 태수의 마음은 여전히 그대로였다.

그럼 남은 방법은 하나밖에 없지 않은가.

"좋아해."

태수의 말에 란희의 눈이 더 커졌다. 그 순간, 타이밍 좋게 문이 열렸다. 열린 문을 통해 파랑과 노을이 나란히 들어왔다. 두 사람은 병실에 있는 태수를 발견하고 인상을 썼다.

"네가 여기 왜 있어?"

표정이 좋지 않은 것은 태수도 마찬가지였다. 조금 더 빨리 올 것을 그랬다. 아니, 문 앞에서 망설이지만 않았어도 조금 더 이야기할 수 있었을 것이다. 하지만 무엇이든 후회한 뒤엔 늦었다.

"난 그만 가 볼게. 학교에서 보자."

태수는 란희에게 그 말을 마지막으로 남기고는 도망치듯 퇴장했다. 그 뒷모습을 보는 란희의 표정은 멍했다. 태수가 나가자마자 노을이 툴툴거리며 물었다.

"뭐래?"

"좋아한대."

"뭘?"

"날."

란희가 여전히 멍한 눈빛으로 노을을 응시했다.

"멍충아, 넌 그 말을 또 믿냐?"

"역시 그렇지?"

그렇게 속고도 또 속을 뻔한 미련함이라니. 란희는 복잡한 마음을 밀어 넣으며 문병 온 두 사람을 향해 밝게 웃었다. 하지만 파랑의 시선은 협탁 위에 있는 꽃다발을 향해 있었다.

"경찰 아저씨들은 없네."

노을이 의자를 끌어다 앉으며 말했다.

"응. 아침에 다 가셨어. 너도 한참 시달렸지?"

노을도 고개를 끄덕였다.

"류신 쌤은 어떻게 됐어?"

"모르지. 내일 학교에 가 봐야 알 수 있을 것 같아. 넌 언제 퇴원해?"

"검사결과 나오면. 안 그래도 심심해서 머리에 꽃 꽂을 지경이야."

"결과 나오면 바로 보고해라."

"네이네이."

세 사람은 해가 질 때까지 도란도란 얘기를 나누었다. 어둑해지고 나서야 파랑과 노을은 학교로 돌아갔다.

기숙사 방에 들어간 노을은 책상 앞에 앉아 마우스를 움직였다. 그러자 웃고 있는 피피 이모티콘이 보였다.

"딩동. 왔어? 기다리고 있었어."

노을은 자신을 기다리는 무언가가 있다는 사실이 꽤 반가웠다.

"란희 병실에 다녀왔어."

"그랬구나. 노을이 네가 결정해 줘야 할 게 있어."

"뭔데?"

"지켜보는 프로그램이 정보 분류작업을 시작했어. 어떻게 할까?"

"씨씨가? 언제부터?"

"오늘 오후 1시경부터."

결국 씨씨가 진화했다. 아이들의 말에 따르면 올림피아드 시험장에서 제로는 류건에게 무언가를 완성하라고 요구했다. 그리고 류건은 그들의 요구에 따라 프로그래밍을 해서 노트북을 넘겼다.

노을은 혹시나 하는 마음에 피피에게 씨씨의 움직임에 변화가 있는지 살펴봐 달라고 부탁했었다. 그런데 10년간 일부 컴퓨터를 지켜보는 게 고작이던 씨씨가 모든 컴퓨터 정보를 수집해서 분류하기 시작했다.

이게 우연일까.

아니, 우연은 아닐 것이다. 노을은 다시 류건에게 알리고 도움을 구해야 할지에 대해 고민했다. 류건이 피피를 만든 사람인 것 같다는 강렬한 예감도 들었다. 아니 이젠 예감을 넘어선 확신이었다.

한국과학고등학교에 다니다 실종되었던 그라면 피피를 방치한 이유도 납득이 갔다. 하지만 류건에게 알리지 않는 게 나을 것 같다는 결론을 내렸다. 알 수 없는 조직, 제로가 문제였다. 피피에 대한 부분은 아는 사람이 많아질수록 위험했다.

게다가 협박이 있긴 했지만 류건은 제로를 위해 씨씨를 완성시킨 셈이다. 고민에 잠겨 있던 노을이 피피에게 말했다.

"씨씨를 삭제할 수 있겠어?"

"당연하지. 난 완벽하니까."

명쾌한 대답이었다.

"씨씨를 삭제시켜 줘."

"모두?"

"응. 모두. 깔끔하게."

세로와 관련이 있든 없든 다른 사람의 컴퓨터를 훔쳐보는 프로그램은 사라지는 게 나을 것이다. 전 세계의 인터넷이 연결된 모든 PC를 훔쳐본다니, 스케일 한번 컸다. 아니, 그 스케일 큰 프로그램을 삭제할 수 있는 피피가 더 대단한 건가.

"알았어. 바로 작업 시작할게. 보름 정도 걸릴 거야."

"그리고 그 전에 한 가지 더 알아봐 줘."

"뭘?"

"한국과학고등학교가 폐교되기 전에 남자 기숙사 201호를 쓰던 사람이 누구인지. 프로필이랑 현재 주소도."

"알았어."

피피는 대답과 동시에 한국과학고등학교 학생생활기록부를 모니터에 표시했다. 노을은 모니터에 떠오른 생활기록부 주인의 이름을 확인했다. 마우스를 쥔 노을의 손이 미세하게 떨렸다. 피피가 찾은 건 2명의 정보였다.

"류건이랑 정태팔?"

노을은 모니터에 뜬 류건과 정태팔의 사진을 응시했다. 확신은 그렇게 사실이 되었다. 그리고 잇달아 사진과 게시글이 떠올랐다. 노을은 그중 하나를 드래그해서 확대했다. 류건이 적어서 올려놓은 것 같은 프로필이었다.

이름 : 류건   나이 : 17세

나를 나타내는 것 : ∞

내가 좋아하는 것 : x, 8, 동아리 방

내가 싫어하는 것 : 재미없는 것

한마디 : 시작이 곧 끝이며, 끝이 곧 시작이다.

변화의 시간

김연주가 삼각형의 합동조건에 관해 설명하고 있는 가운데, 파랑이 노트필기를 하고 있었다. 그 모습을 힐끔거리며 살펴보던 노을이 파랑에게로 몸을 기울였다.

"뭐 해?"

"필기하잖아."

그건 알고 있었다. 문제는 짝이 된 이후 지금까지 파랑이 필기하는 모습을 본 적이 없다는 데 있었다.

"너 필기 안 한다며."

"내 거 아니야."

"그럼?"

"란희 당분간 글씨 못 쓸 텐데, 네 노트는 별로 도움이 안 될 테니까."

파랑은 필기를 멈추지 않으며 답했다. 그런 파랑을 빤히 바라보던 노을이 히죽 웃었다.

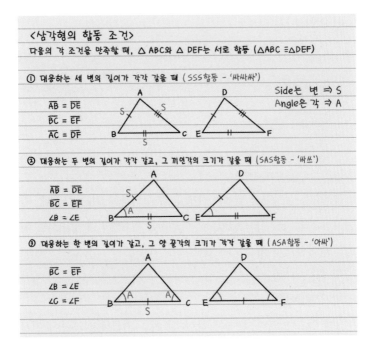

<삼각형의 합동 조건>
다음의 각 조건을 만족할 때, △ABC와 △ DEF는 서로 합동 (△ABC ≡△DEF)

① 대응하는 세 변의 길이가 각각 같을 때 (SSS합동 - '싸싸싸')

$\overline{AB} = \overline{DE}$
$\overline{BC} = \overline{EF}$
$\overline{AC} = \overline{DF}$

Side는 변 ⇒ S
Angle은 각 ⇒ A

② 대응하는 두 변의 길이가 각각 같고, 그 끼인각의 크기가 같을 때 (SAS합동 - '싸쓰')

$\overline{AB} = \overline{DE}$
$\overline{BC} = \overline{EF}$
$\angle B = \angle E$

③ 대응하는 한 변의 길이가 같고, 그 양 끝각의 크기가 각각 같을 때 (ASA합동 - '아싸')

$\overline{BC} = \overline{EF}$
$\angle B = \angle E$
$\angle C = \angle F$

"가만 보면 은근히 자상해."

"안 그래도 란희는 도형 쪽에 약하잖아. 결국 내가 알려 줘야 하는데 귀찮으니까."

누가 봐도 변명이었다.

"에이. 란희 없으니까 허전하냐?"

"조금."

예상 밖의 대답에 노을이 오히려 더 당황했다.

"난 없으니까 속이 다 시원하다. 옆에서 시끄럽게 떠드는 애도 없고."

말은 그렇게 했지만 마음이 안 좋기는 노을도 마찬가지였다. 따지고 보면, 자신을 찾아오다가 다친 것 아닌가. 게다가 몰랐다곤 하지만 그 팔로 환풍구를 다시 기어가게 만든 셈이었다.

"마음에도 없는 소리는."

"아니, 걔도 미련하지. 어떻게 자기 뼈에 금이 간 것도 모를 수가 있지? 아니, 그보다 그 상황에서 무섭지도 않나."

이번에는 파랑도 고개를 끄덕였다.

물론 그때의 란희는 겁이 없었다기보다는 노을을 믿었던 것 같았다. 하지만 그렇게 말하면 기고만장해질 게 분명하니, 파랑은 입을 다물었다.

김연주의 수업이 끝나자 교실이 다시 시끄러워졌다. 점심시간을 맞이한 학교의 소란스러움이 공간에 퍼져 나갔다. 노을이 책을 덮고 일어섰다.

"밥이나 먹으러 가자."

파랑과 노을이 교실 밖으로 나서자 여학생들의 시선이 몰렸다.

수학올림피아드 사건이 전해져 란희와 노을은 학교의 대스타가 되어 버렸다. 사건은 적당히 포장되고 축소되어 알려졌다. 류건과 김연주 이야기는 사라지고 그 자리를 노을과 란희가 채웠다.

덕분에 두 사람은 학교 안에서 영웅이 되었다. 입원한 란희가 학교에 오지 않았기 때문에 노을은 그 관심을 홀로 받아 내야 했다. 잡아먹을 듯한 여학생들의 시선에 두려움을 느낀 노을이 말했다.

"란희, 빨리 왔으면 좋겠다."

파랑도 고개를 끄덕이며 동조했다.

"그런데 너 올림피아드 재참가 안 할 거야?"

"응."

"하긴 그 난리를 겪고 무슨."

"뭔가 꿈을 꾼 것 같아."

"내 말이."

지난 일요일에 있었던 시험은 아무리 생각해도 현실적인 느낌이 별로 없었다. 영화 속에 들어갔다 나온 기분이랄까.

"오늘은 게시판이나 완성해야겠다. 게으름 그만 피워야지."

"그런데 류건 선생님 어떻게 되는 거야? 그 난리가 났는데."

"모르지. 뉴스 보니까 선생님 얘기는 쏙 빠져 있더라. 무장괴한이 수학올림피아드에 참가한 아이들을 인질로 삼아서 정부에 엄청난 금액을 요구했다고만 나오던데."

노을은 쉴 새 없이 올라오던 기사를 생각하며 인상을 썼다. 아무리 생각해도 돈을 요구한 것 같지는 않았는데 이상했다. 게다가 자신은 수학특성화중학교의 진노을이 아니라 진영진의 아들로 보도되고 있었다. 덕분에 노을이 애써 묻어 두고 있던 문제가 수면 위로 떠올랐다. 아버지에 대한 부분이었다. '설마'로 시작된 생각은 '아닐 거야'로 끝났다. 하지만 그럼에도 의혹을 떨쳐버릴 수가 없었다.

"범인은 다 잡을 수 있으려나."

파랑의 나직한 목소리에 노을은 복잡한 생각을 반으로 접어 버렸다.

"란희가 찍은 사진에 그 사람들 얼굴도 있다던데 잡히지 않을까."

그때 노을의 눈에 익숙한 실루엣이 보였다. 운동장을 가로질러 오는 사람은 오른팔에 깁스한 란희였다. 란희가 왼손을 들고, 크게 흔들었다.

파랑과 노을이 란희에게로 달려갔다.

어느덧 여름이 지나가고 있었다. 곧 가을이 올 것이다. 그리고 계절을 따라 조금씩 물들어 가는 나뭇잎처럼 아이들도 서로에게 물들어 가고 있었다.

— 3권에서 계속